爱·的·教·育

给孩子以智慧

AIDE JIAOYU

GEI HAIZI YI ZHIHUI

金 波◎编著

处世的智慧

chushi de zhihui

光明日报出版社

图书在版编目(CIP)数据

处世的智慧/金波编著.—北京:光明日报出版社,2010.1
(爱的教育·给孩子以智慧)
ISBN 978-7-5112-0517-9

Ⅰ.处… Ⅱ.金… Ⅲ.人生哲学—青少年读物 Ⅳ.B821-49

中国版本图书馆 CIP 数据核字(2009)第 219701 号

处世的智慧

◎编　　著:金　波

◎出 版 人:朱　庆　　总 策 划:东　方
◎责任编辑:朱　宁　　封面设计:叁棵树设计工作组
◎责任校对:徐为正　　责任印制:胡　骑　宋云鹏

◎出版发行:光明日报出版社
◎地　　址:北京市崇文区珠市口东大街 5 号,100062
◎电　　话:010-67078243(咨询),67078945(发行),67078235(邮购)
◎传　　真:010-67078227,67078233,67078255
◎网　　址:http://book.gmw.cn
◎E-mail:gmcbs@gmw.cn
◎法律顾问:北京市华沛德律师事务所张永福律师

◎印　　制:三河市延风印装厂
◎装　　订:三河市延风印装厂
本书如有破损、缺页、装订错误,请与本社发行部联系调换

◎开　　本:720×1000　1/16
◎字　　数:206 千字　　印　　张:15
◎版　　次:2010 年 1 月第 1 版　　印　　次:2010 年 1 月第 1 次印刷
◎书　　号:ISBN 978-7-5112-0517-9

◎定　　价:29.80 元

目　录

1. 举止有节，别让习惯毁了你

习惯，人皆有之。一天之内，我们上演着几百种习惯。小到啃指甲、挠头、握笔姿式以及双臂交叉等微不足道的事，大到一些关系到身体健康的事，比如，吃什么、吃多少、从事什么运动、多久锻炼一次等等。甚至我们与朋友交往，与家人和同学如何相处都是基于我们的习惯。习惯充斥着生活的方方面面，以至于我们常常忽视它的存在，无视它的作用，一如我们常常忽略了穿衣、睡觉的作用一样。但是，我们千万不能这样做。因为，习惯对我们的影响力是不可低估的。

2. 从小节开始，抛弃马虎和大意

一个人要养成从小节开始做起的习惯，因为从一些小事上，能反映出这个人做事的态度。人生由细节构成，成就由成绩构筑，细节中往往包含着决定成败的因子。如果一个人能够懂得从细节着手，人生一定可以过得充实，学习也一定会更出色。正如一位励志大师所说的那样：不要害怕把精力投入到似乎很不显眼的事情上，每次你完成这样一件小事，它都会使你变得更强大；如果你把这些小事做好了，大事往往自己就迎刃而解了。

3. 积极热情，好生活离不开好心态

心态，就是我们看待事物的态度。心理学家认为：你的心态是什么样子，你的生活就会成为什么样子，你的命运就会成为什么样子。一个持积极心态的人，对自己的能力有信心，对未来充满希望，就会积极去创造美好的生活；而一个持消极心态的人，对未来不抱希望，也就不会积极投身于事业中去，结果只能落于平庸。

4. 说声“没事儿”，将不快一扫而光

豁达大度的人，心底无私，心灵纯净，心胸宽广。他们不计前嫌，不计名利，心态坦然。面对困境和不快，他们依然能保持积极向上的乐观态度，能够以仁爱者的宽广胸怀来承受生活的压力；他们站得高看得远，知识渊博，才华横溢，不在乎小枝小叶；他们认为人生是一次体验，以乐观的态度通过改变自己的生存状态，调节自己的心理感受，维护心灵的最佳状态。这样的人，无疑是我们学习的榜样。

5. 交换能力，合作使我们双赢

每个人的能力是有限的。即使一个人精力无限充沛，也不可能做好所有的事情。所以，要想做好一件事，除了自己的努力外，还要依靠其他人。一位哲人说过，你手上有一个苹果，我手上也有一个苹果，两个苹果交换后每个人还是一个苹果；如果你有一种能力，我也有一种能力，两种能力交换后就不再是一种能力了。

6. 沟通心灵，将天堑化为通途

所谓沟通，就是与谈话对象平等交流，达到相互传递信息、交换观点和取得一致意见的语言交际过程。沟通是一项重要的生活能力，也是一项重要的处世技巧。人与人从陌生到熟识，一件事从棘手到迎刃而解，都是沟通的结果。但沟通不是强迫命令，不是最后通牒，不是一言堂，更不是“我说的算”，要达到沟通效果，千万不要触犯了沟通禁忌。

7. 学会报答，真心感谢有恩于你的人

我们生活在这个世界上，时时接受着来自各方面的“恩赐”：父母的养育，师长的教诲，爱人的关心，朋友的友情，大自然的慷慨赐予。我们也有责任用同样的爱心去回报他们。如果你觉得别人的恩赐是理所当然的，那就说明你丝毫没有感恩意识，这将是世上最大的悲哀或不幸。

8. 付出关爱，用真情换来温暖

在我们的成长过程中，始终离不开父母和他人的关心，可以说，是爱将我们托起来。同样，我们也要从小学会付出自己的关爱，和大家共同营造一个温暖和谐的美好人间。一位名人说过：随处撒播你的爱心，就从对你的家人开始，多一分关爱给你的父母，你的朋友，然后你的邻居……，让每个接近你的人都有如沐春风的感觉。

9. 对人友善，多栽鲜花少种刺

俗话说：多个朋友多条路。与人相处时，要多交朋友，少树敌人；要对人友善，不要态度傲慢；要关心他人，不要冷漠自私。当我们用友好的态度去对待他人时，他人也会回报友好和尊重。如果我们骄傲自负，必然影响个人形象，妨碍人际交往，落得孤家寡人的下场。

10. 尊重他人，切莫傲慢和自负

尊重他人是为人处世的根本条件，也是礼貌待人的重要标志；懂得尊重也是我们在成长过程中必须接受的一门课程。在与人相处时，只有尊重别人，才能受到别人的尊重。只有学会尊重与自尊，才能打造良好的人脉关系。只有人人都懂得了自尊与尊重别人，才能提高整个民族的自尊感。因此，我们要处处留意，通过各种方式树立尊重他人的思想意识。

1. 举止有节，别让习惯毁了你

习惯，人皆有之。一天之内，我们上演着几百种习惯。小到啃指甲、挠头、握笔姿式以及双臂交叉等微不足道的事，大到一些关系到身体健康的事，比如，吃什么、吃多少、从事什么运动、多久锻炼一次等等。甚至我们与朋友交往，与家人和同学如何相处都是基于我们的习惯。习惯充斥着生活的方方面面，以至于我们常常忽视它的存在，无视它的作用，一如我们常常忽略了穿衣、睡觉的作用一样。但是，我们千万不能这样做。因为，习惯对我们的影响力是不可低估的。

珍贵的礼物

一位老作家为了做公益事业，决定巡回访问偏远山区的学校，与当地老师和学生座谈作文体会。由于老作家的爱心及和蔼可亲的态度，使他所到之处都受到热烈的欢迎。

一次，当他结束在山区某小学的访问行程，欲赶赴别处时，许多孩子依依不舍，老作家也不免为之所动，当下答应这些孩子，下次再来时，只要谁能将自己的课桌椅收拾整洁，老作家他就送给他一件珍贵的礼物。

作家离去后，每个周四，所有孩子必定将自己的课桌收拾干净，因为作家每次都是在周四这天来。只是不确定作家会在哪一个周四到来。

其中有一个孩子和其他同学想的不一样，他一心想得到作家的礼物留做纪念，生怕作家会临时在周四以外的某个日子突然带着神秘的礼物来到，于是他每天早上都将自己的桌椅收拾整齐。但上午收拾妥当的桌面，到了下午常常又是一片凌乱。这个孩子又担心作家会在下午来到，于是每天下午免不了又会收拾一次。想想又觉得不妥，如果作家在一个小时后出现在教室，仍会看到他的桌面凌乱不堪，便决定每个小时收拾一次。

到最后，他想到，如果作家随时到来，仍有可能看到他的桌面不整洁。这时，这个孩子终于想清楚了，他必须时刻保持自己桌面的整洁，随时欢迎作家的光临。

处世一点通

一个好的习惯，是慢慢形成的，特别是在克服不良习惯的基础上再养成一种良好的习惯，更需要花费一番工夫。开始，我们是习惯的“奴仆”，受它指使和支配；当我们下决心克服坏习惯的束缚，并随时培养好的习惯时，我们就会慢慢成为习惯的“主人”。这个培养好习惯的过程，就是老作家送给山区孩子的珍贵礼物，当然也是送给我们的礼物！你说是吗？

榴莲一样的人

在一列火车上，有一个男子光着脚横躺在三人的座椅上，当对面座位没人时，他还会把双脚搭在中间的小桌子上。这种不雅的行为令周围的人为之不悦，虽一时没人发作，但乘客们早已对他有了看法。

人们仔细一瞧，发现这名男子应该是一个成功的人士，他穿一身名牌休闲装，戴着金边眼镜，手里捧着笔记本电脑，接电话时也彬彬有礼，声音适中。这期间，一个小孩子还差点碰翻了他的热咖啡，他连忙伸手去挡，自己的手烫红了，还温和地问小朋友有没有受伤，并掏出自己的水果……看得出来，他是个受过高等教育的人，有着良好的教养。这样一来，人们更加费解了，不知他为什么这样不顾个人形象，难道他真不知道这是基本的礼貌问题吗？

等他下了车以后，乘客人真有如释重负的感觉，长长地舒了口气。这时，两个年轻的乘客小声议论开了。一个说："这个人虽然不错，但充其量只是个'榴莲男人'！"

"'榴莲男人'？什么意思啊？"另一个不解。

"就是外面臭里面香呗！有内涵没形象的男人就配这个称号！"

他们的谈话引了乘客们的笑声，也引起了人们的深思。

处世一点通

这是一个有良好的品质，却不注重外表形象的人，这样的人受到大家的异议和排斥，是一件多么可惜的事情。在生活中，像这样只注重内涵，轻视外在形象，认为那是小枝小节、不值一提的人大有人在。殊不知，这同样给人带来不愉快，进而影响自己的整体形象。所以，我们不仅要修练内在品质，也要修养举止行为，养成小枝小节上决不马虎的习惯。

相　亲

一个战士历经战场的考验，终于活了下来。战争结束后，他也退伍了。刚回到城里，他的亲戚就张罗着给他介绍女友。在双方见面前，亲戚给了他很多交代："你在战场上是英雄，在情场上却是个生手，所以你要记住我的话。第一，你下车后要替女友开门；第二，女友入座时你应在她椅子后帮她；第三，她说话时你要温柔地看着她；第四，她需要什么东西你一定要抢先做好，不要让她动手。”

退伍军人对这样的提议一一答应了。

第二天，亲戚满以为他胜利而归，但这名退伍军人却沮丧地说：“我这次完全没有希望了！”

亲戚以为他交代的事没有好好地被执行，就问他：“你是不是忘了替她开车门？”

退伍军人说：“不，我替她开了车门，她也显得很高兴！”

亲戚又问：“你是不是忘了帮她入座？”

退伍军人说：“不，我帮她入座了，她夸我有绅士风度。”

亲戚接着问：“那你是不是在她说话的时候没有认真看着她？”

退伍军人说：“不，我一直看着她，她说我很温柔，并且说我的眼睛很有魅力！”

最后亲戚问：“那你是不是在某事上让她自己动手了？”

退伍军人沮丧地说：“如果真是这样就好了。我们回家时，她说口渴，于是我就跑去替她买饮料。”

亲戚说：“这样做得很好呀！”

退伍军人说：“可是，不知怎么搞的，我一拉开饮料罐，就像进入了战场一样，立即向她砸了过去，自己则卧倒在地……”

处世一点通

你是否为这个故事哈哈大笑？是啊，习惯的影响有时是多么可怕呀，一个扔手雷的习惯竟破坏了一次相亲！这怪退伍军人没有诚意吗？显然不是。是女孩看不上他吗？也不是。是习惯——一打开手雷就扔出去的习惯害了他。扔手雷本是战场上的行为，由于这个习惯根深蒂固，以致于一打开某件东西（哪怕不是手雷）就产生条件反射，本能地扔出去。其实，我们也不必感到好笑，一旦我们自己在某种情况下产生条件反射的话，也会闹出笑话来的。

勤俭节约

从前，有户姓万的人家，养了两个儿子，老大叫万勤，老二叫万俭，日子过得平平常常。

这年，老头儿生了病，眼看不行了。万勤对爹说："爹，有你在，俺兄弟俩也不轻易分家。要是剩下我们俩了，这个家怎么分法？"

老头儿一想，也是，兄弟大了得分家。就把两个儿子叫到跟前说："咱家的光景你们也知道，爹没置下多少东西，就几亩薄地和这点房产。家好分：地按好赖搭配着分，分房子时再搭配。"

老大问兄弟："咱爹说的中不？"

"中，中，咱们兄弟俩，你好了也等于我好，我好了也等于你好。"

就这样，兄弟俩按照爹说的把家分了。不久，老人去世了，兄弟俩置口棺材埋了老人，从此就各支各的锅台，各过各的日子。

万勤这人从小爱劳动，又勤快。常说：聚宝盆家家有，就凭你劳动两只手。他的日子越过越红火。

万俭这个人，肚子里有点文化，知道细着过日子，就是有一样不好：懒散。光知道吃得俭、穿得俭，一切都省着用，就是不知道勤谨。每天早晨睡懒觉，晚上又早早睡了，胖得碌碡似的，看上去挺富态。地里的庄稼种一葫芦两瓢，日子过得一天不如一天。

这件事被舅舅知道了，这天舅舅来了，把兄弟两个叫到一块儿说：“万勤、万俭，都说说你们的日子是怎么过的？”老大说：“我会勤谨。”老二说：“我会节俭。”舅舅想了想，说：“照我看，你们哥俩合到一块儿吧。万勤在外边辛勤劳动，万俭在家里节俭操持，日子一定过得好上加好。”

万勤和万俭按舅舅说的去做，两人合在一起，一个辛勤劳动，一个细着花费，日子越过越富。

处世一点通

勤俭持家，是中华民族的美德。俗话说：一勤天下无难事，一俭家存万贯财。作为学生，我们首先要懂得“勤能补拙”的道理，知道“一分辛苦一分才”；其次，我们更要懂得节俭的道理，明白我们吃的、穿的、用的所有东西，都是父母用辛勤劳动换来的，不可以随意糟蹋，也不要任意浪费掉。养成这样的习惯，对我们今后的成长非常重要。

炼金术

有个叫布朗斯的人，一心想要成为富翁。他认为，要想成为富翁，最佳途径就是学会炼金术，自己把黄金炼出来。

为此，他把全部的时间、金钱和精力都用在炼金术的实验中。为此他花光了自己的全部积蓄，家中变得一贫如洗，连饭都没得吃了。妻子万般无奈，跑回娘家去诉苦。他丈人决定找女婿谈谈。

他把布朗斯叫来，对女婿说："我已经掌握了炼金术，只是现在还缺一样炼金的东西。"

"快告诉我还缺什么？"布朗斯急切地问道。

"好吧，我不妨告诉你这个秘密。我需要3公斤腰果叶下的白色绒毛。但这些绒毛必须是你自己种的腰果树上的。等到收齐绒毛后，我便告诉你炼金的方法。"

布朗斯回家后，立刻在已荒废多年的田地里种上了腰果。为了尽快凑齐绒毛，他除了种以前就有的自家的田地外，还开垦了大量的荒地。等腰果长熟后，他便小心地从每片腰果叶下收刮白绒毛，而他的妻子和儿女则抬着一串串腰果到市场上去出售。就这样，10年很快过去了。布朗斯终于攒够了3公斤绒毛。这天，他激动地拿着绒毛来到老丈人的家里，向老丈人请教炼金术。

老丈人指着院中的一间房子说："你去把那边的房门打开看看。"

布朗斯打开了那扇门，立刻感到满屋金光扑面而来，原来里面竟然全是黄金。他的妻子和儿女都站在屋中。妻子告诉他，这些金子都是用他这10年里所种的腰果换来的。面对着满屋实实在在的黄金，布朗斯恍然大悟。

处世一点通

一切劳动成果都是靠辛勤的汗水换来的，养成脚踏实地的习惯是成功的捷径。那些梦想一举功成，却不愿意付出艰辛劳动的人，就如南柯一梦一样，一旦梦碎了，不仅两手空空，也浪费了宝贵的年华，空余悔恨和哀叹。如果我们希望自己将来成为科学家、文学家、艺术家或企业家等，那就学好每一门功课吧，准备付出不懈的努力和艰苦的奋斗，而不要光沉醉于幻想中。

成功源自幼儿园

1978年，75位诺贝尔奖获得者齐聚巴黎。有人问其中一位学者：“你在哪所大学、或哪所实验室里，学到了你认为最重要的东西，它是什么呢？”

这个问题并不难回答。但这位白发苍苍的学者却答得颇令人意外：“是在幼儿园。”

“在幼儿园里？那你学到了什么呢？”问者实在不理解。

这个学者接着说道：“把自己的东西分一半给小伙伴们；不是自己的东西不要拿；东西要放整齐，饭前要洗手，午饭后要休息；做了错事要表示歉意；学习要多思考，要仔细观察大自然。从根本上说，我学到的全部东西就是这些。”

处世一点通

一个人的成功原因，竟可以追溯到幼儿园。这说明，习惯的影响作用真是太大了。这位学者的回答，告诉我们这样一个结论：要想获得成功，离不开从小就得培养的好习惯。

举　手

一位学者，在她的儿子第一次上学之前，就教给他一项诀窍——举手。

儿子遵照母亲的叮咛，把勤于举手作为自己的座右铭。老师提问时，他总是第一个举手，不论老师所提的问题他是否了解，是否能回答正确，他总是率先举手。

日子一天天过去了，老师对这个不断举手的小男孩自然而然留下了深刻的印象。往后，当老师再提问题时，或者是男孩想发问时，老师总是不自觉地优先让他开口。在这样主动进取精神的熏陶下，他获得了许多

“优先”——优先回答问题，优先到讲台上演算作业题，优先发言……这使得他在学习进度上，在非智力能力培养方面，都超越了其他的同学。

处世一点通

培养积极主动的习惯，是成功的重要因素。积极主动，需要热情，需要胆识，需要积极的生活和学习态度。凡事主动，便会占有优势，也是激励自己进步的动力。与此相对的是做事拖拉，看别人的表现行事，处处跟在别人后面，这则是一种消极的生活和学习态度。

转 弯

一对父子住在山上，每天都要赶牛车下山卖柴。老父较有经验，坐镇驾车，山路崎岖，弯道很多；儿子眼神较好，总是在要转弯时提醒道：“爹，转弯啦！”

有一次父亲因病没有下山，儿子一人驾车。到了弯道，牛怎么也不肯转弯，儿子用尽各种方法，下车又推又拉，用青草引诱它，牛仍然一动不动。

到底是怎么回事？儿子百思不得其解。最后，他把过去赶牛车转弯的情景回忆了一遍，突然恍然大悟。于是，他左右看看无人，就贴近牛的耳朵大声叫道：“爹，转弯啦！”

牛应声而动，很快就拐了过去。

处世一点通

牛因为听惯了转弯时的喊声，脑子里形成了一个观念：喊声“爹，转弯啦！”便意味着转弯，否则不可以；人因为习惯了某种方式，脑子也会形成一个观念：这种方式一定是对的，离开了这种方式就一定行不通。可见，习惯的作用非同小可。一个想有作为的人，应懂得如何培养好的习惯来代替坏的习惯，当好的习惯积累多了，自然会有一个好的人生。

成功的支点

一天，一个衣着整洁的妇女，扛着行李进了山上的观音庙。那时正是战乱的年代，只有这里显得很清净。许多人都逃出去了，只有一个独眼的白胡子老人在这里默默守护着。

妇女进来后，看见老人正端坐在蒲团上，闭目养神。她没敢惊动他，只是静静地站在后边。过了许久，老人才说：“太郎他妈，你把什么扛来了？”

听见老人说话，那妇女立刻毕恭毕敬地回答：“太郎他爷爷，我把行李扛来了，是来这里过生活的……您得帮帮我们，不然我们没法活了。”

老人慢悠悠地说：“唉，我能帮你们什么呢？”

妇女抢着说：“不，您能帮助我们，绝对能！”

“你需要我帮你什么呢？”一阵沉默之后，老人说。

妇女听了很高兴，一边整理着有点散乱的头发一边说："您好歹也是太郎的爷爷，现在太郎这么没有长进，您怎么能撒手不管呢?"

"太郎怎么啦?"

"他读书读不进去；种地又嫌没有出息；经商吧，贩了几次布，将家业快赔完了。后来，跟着二郎当兵，没过半年，又当逃兵跑了回来。二郎写信告诉我，说他弟弟太丢人了……太郎三十好几了，难道我一个妇人家，能养活他一辈子吗?"说着说着，妇女已泪流满面："要不是二郎经常寄点钱给我，我们怎么生活呀！唉，他爷爷，您说说。"

"那能怨谁呢?当初我替你们管教的时候，你们总是心疼……我这只眼睛是怎么瞎的，啊!"老人激动了起来。

妇女见老人气愤了，急忙跪了下来："公公，都是我不好！您不要和我们晚辈计较，我心里也不是好受的啊!"她擦了擦脸上的泪水说："那一次，如果不是我拖住您，护着这个小崽子，也不至于让他用竹竿戳瞎了您的眼睛……"

"好啦，好啦，别哭啦！这个小子从小就顽皮。"

"您原谅我们啦，公公?"

"原谅啦！我都这么一把年纪了，还计较个啥哩……起来说话吧。"

公公和儿媳多年的恩怨就这样化解了。他们一起下了山，回到了家里。

那个独眼的白胡子老人回到家后，抓紧了对太郎的管教。那个妇女，再也不拦着了。

老人的管教从纠正太郎的各种坏习惯着手。用了不到三年的时间，太郎爱睡懒觉、撒谎、骂人、办事拖拉、脾气暴躁等等恶习，终于让爷爷给治住了。当爷爷认为他可以离开自己还能保持良好习惯以后，便送他去了大和军校。后来，他终于为国家立下了汗马功劳。

在太郎老年时，有一个学校请太郎老人给学生们讲话。他讲了许多关于做人的道理，在结束的时候他意味深长地说道："一个人成功的支点，就是自己长期养成的习惯。"

处世一点通

一个希望成功的人，必须从小就要养成良好的习惯，勤劳、节俭、善思、细致，等等，这些成功路上必需的品性，都必须从小就要养成。父母骄纵孩子，并不是真正的爱孩子，青少年时期是人生的转折点，如果在那个时候家长或老师没有教育培养好孩子，那么他将来很可能一事无成，甚至走上歧途。而父母、老师的教育培养并不只是单纯地给孩子灌输科学文化知识，更重要的是教孩子做人的道理，养成良好的生活习惯。

乌鸦唱歌

有一只乌鸦很幸运，不知从哪里叼到一块肉，正站在树上慢慢享用。

树底下，一只狐狸走了过来。他早就被那块肉散出的香气迷住了，垂涎三尺，恨不能立即据为己有。可自己又不会上树，更不会飞翔，想得到这块肉可是难如上青天啊。

但是，狐狸毕竟是狐狸，鬼点子可真多。只见他眼珠一转，就想出一个妙计。他擦了擦口水，冲着树上喊道："是乌鸦小姐吗？你让我找得好苦呀。"

乌鸦知道狐狸心眼坏，不愿理他。

"乌鸦小姐，听说你的歌唱得可好听啦！我到处打听你的下落，就是为了听听你唱的歌。”

听到狐狸的话，乌鸦心里美滋滋的：多少动物都讨厌我的歌声，甚至骂我是乌鸦嘴！还是狐狸理解我，是知音啊！心里便对狐狸产生了好感。

“乌鸦小姐，你就唱一曲吧。不然，我可就急死了。急死了我不要紧，最要紧的是，你从此就再没有我这样的知音了啊。”狐狸哀求说。

“好吧！”乌鸦说。

于是，她张大嘴巴，哇哇地喊起来，嘴里叼的肉便掉在了地上。她低头一看，狐狸叼起那块肉，跑得无影无踪。

处世一点通

人要有自知自明，千万不要养成爱虚荣的习惯。好虚荣，就是喜欢别人称赞自己，陶醉于不真实的荣耀中。有人赞美你，是为了讨好你，让你高兴；有人赞美你，则是出于某种不可告人的目的，正如那只狐狸一样。所以，我们要保持清醒的头脑，要正确地评价自己。重要的是，我们要修炼内功，用真才实学去赢得别人的尊重，而不是靠华而不实的外表去取悦别人。

存钱罐和白纸

一只存钱罐和一张白纸都躺在主人的桌子上。有一天，存钱罐挺了挺装满硬币的肚子，装出一副大款的腔调说：

"白纸先生，你一无所有，难道不感到空虚吗？瞧瞧我，肚子里有了钱，可充实多了。"

白纸说："存钱罐先生，我并不感到空虚，因为我的未来不会是苍白的。"

存钱罐听了，露出轻蔑的神情。

一会儿，主人回来了，他今天显得很高兴，提起笔在白纸上写下了两行精美的字，然后裱成条幅挂在书房里。来往客人见了这幅书法作品，无不啧啧称赞。

后来，这幅书法作品成了传世珍品，被国家博物馆永久收藏。而那只存钱罐却早就被主人的孙子摔碎了。

处世一点通

傲慢无礼的人，迟早会误入歧途。因为人一旦骄傲，就容易裹足不前，容易自满自足，容易自我炫耀，最后一事无成；而保持谦虚的人，则会进步。因为人一谦虚，就会知道自己的不足之处，懂得人外有人、天外有天的道理，便会虚心学习，寻找差距，不断地提升自我。因此，我们要养成谦虚的习惯，克服骄傲的态度，学做一个虚怀若谷的人。

习惯的悲剧

一根细细的链子拴得住一头千斤重的大象，你相信吗？然而，这种现象在东南亚国家随处可见。那些驯象人，在大象还是小象的时候，就用一条铁链将它绑在水泥柱或钢柱上，无论小象怎么挣扎都无法挣脱。小象渐渐地习惯了不挣扎，直到长成了大象，可以轻而易举地挣脱链子时，也不挣扎了。

有一个驯虎人，想跟驯象人学习，他让小虎从小吃素，直到小虎长大。这个人想：老虎从小不知肉味，自然就不会伤人了。不幸的是，有一次，驯虎人摔了一跤，让老虎舔净他流在地上的血，老虎一发不可收拾，终于将驯虎人吃了。

小象是被链子绑住，而大象则是被习惯绑住。

老虎曾经被习惯绑住，而驯虎人则死于习惯，因为他已经习惯于他的老虎不吃人。这就是悲剧发生的根本原因。习惯几乎可以束缚一切，只是不能束缚偶然。

处世一点通

人的习惯是在不知不觉中形成的，同样在不知不觉中影响我们的日常生活。正因为习惯是看不见摸不着的，我们往往忽略了它。我们常常下意识地充当了习惯的奴隶，从而给自己带来不幸。所以，我们现在要做的就是控制它，而不是为它所控制。

走向大海

在一个远离海洋的猴岛上，常年驻守着一个动物专家，他专门从事对猴子的研究工作。一天，一只小猴子出生了，他给它取名叫“海臊”。

一天清早，出生后不久的海臊独自向海边走去，那一刻，岛上的猴子们全都安静了，整个小岛也宁静了，动物专家那一刻也停住了，大家好像都在等待着什么，所有猴子的眼睛和动物专家的眼睛都随着海臊在向海边移动……

原来，在海臊出生前，岛上的猴子们没有一个曾到过海边，没有一个猴子碰过海水。动物专家也百思不得其解：自从他见到岛上第一只猴子起，他就从未见过有哪只猴子靠近过海水。这是什么原因呢？他也曾试着用各种方法让猴子们去接近大海，但都未成功。也许是第一只猴子就不曾到过海边的原因，以后在这个岛上出生的猴子就没有一只敢靠近海的。

不一会儿，海臊走到了海边，它先用一只脚沾了沾清凉的海水，然后又用另一只脚也沾了沾，随后大家发现海臊竟跳进海水，用两只胳膊拍打起海水来，样子看上去很欢快。它在海水中跑着、跳着，并且还招呼其他的猴子跟他一起来玩海水，可是，其他的猴子没有一个敢过来的，海臊仍旧在海边玩着……

这一天就这样过去了，但这一天，对那位动物专家来说可是非同寻常的一天，第一次，一只猴子，自己下水了。

以后，一直都是海臊独自在海边玩耍，在海里洗澡……

不久，岛上又出生了一只小猴子。在一个温暖的早晨，整个小岛又一次宁静了，原来所有猴子和那位动物专家看到海臊竟然拉着那只小猴子，向海边走去。一会儿的工夫，它们到了海边，随后大家见到它们俩在海水中玩得是那样开心、欢畅，它们向岛上的其他猴子招手，让它们也到海水中一起玩耍，但，最终仍只是它们俩在快乐地玩着。动物专家在海边观察着它们，竟兴奋得一整夜没睡觉，他为那只小猴起了个名字：海仔。他决定，以后岛上出生的小猴，只要能去海里玩耍的，都叫它们“海仔”。

不久，岛上又出生了一只小猴子，同样是海臊带着它到海边，接触海水，最后它们在海中高兴地跳着……

就这样，每出生一只猴子，海臊都会带它去海边玩耍。

现在岛已有了99个海仔，直到有一天，岛上又出生了一只猴子，它是在这个岛上出生的第100只猴子，但动物专家和其他岛上的猴子们却发觉这次海臊并没有来牵它的手去海边。那只小猴子像当初海臊那样独自走向海边，当大家的目光跟着小猴子移到海边时，整个小岛欢呼了！

原来海臊早已在海边等它了。

处世一点通

无论如何根深蒂固的坏习惯，也不会永远盘踞在我们身上，只要你努力地有意识地去扫荡它，它终将会逃之夭夭，只是时间有长有短而已。这里的关键，就是要下定决心。所谓“习惯成自然”、“江山易改，本性难移”之说并不是绝对的。

捏鼻子

一个青年从国外回来，突发奇想，希望能捏到国王的鼻子。如果现在就去捏国王的鼻子，无疑是不现实的，甚至连见也见不到国王。该怎样才能做到呢？想啊想，他终于有了一个好主意！

第二天散步的时候，年轻人遇见了一个朋友，于是他走上前去捏了捏朋友的鼻子，朋友吓了一跳：“你这是什么意思?”“没什么意思!”青年礼貌地回答，然后走开了。

这个朋友琢磨了起来：“为什么呢？会不会是国外的礼节？这太时髦了!”于是他又去捏了另一个朋友的鼻子。很快，这种“捏鼻礼”的礼节在整个国家盛行了起来。

一个月后，在一次集会上，当人们把青年介绍给国王时，青年就很轻松地捏到了国王的鼻子。

处世一点通

这是随大流的力量，它把一件荒谬的事，变得合情合理，而生活中，我们就常常扮演了那个“朋友”或“朋友的朋友”的角色，盲目地模仿别人的做法，最让人头痛的是我们甚至不知道这么做是为了什么。

习惯的力量

一天，一位老师与他的学生一起在树林里散步。老师突然停了下来，并仔细看着身边的4株植物。第一株植物是一棵刚刚冒出土的幼苗；第二株植物已经算得上挺拔的小树苗了，它的根牢牢地盘踞到了肥沃的土壤中；第三株植物已然枝叶茂盛，差不多与学生一样高大了；第四株植物是一棵巨大的橡树，学生几乎看不到它的树冠。

老师指着第一株植物对他的学生说：“把它拔起来。”学生用手指轻松地拔出了幼苗。

“现在，拔出第二株植物。”

学生听从老师的吩咐，略加力量，便将树苗连根拔起。

“好了，现在，拔出第三株植物。”

学生先用一只手进行了尝试，然后改用双手全力以赴。最后，树木终于倒在了筋疲力尽的年轻学生的脚下。

“好的，”老师接着说道，“去试一试那棵橡树吧。”

学生抬头看了看眼前巨大的橡树，想了想自己刚才拔那棵小得多的树木时已然筋疲力尽，所以他拒绝了老师的提议，甚至没有去做任何尝试。

“我的孩子，”老师叹了一口气说道，“你的举动恰恰告诉你，习惯对生活的影响是多么巨大啊!”

处世一点通

习惯是看不见摸不着的东西，但它确实对我们的生活产生了巨大的影响。我们的日常生活和学习，都或多或少地受到习惯的支配。所以，我们要养成好习惯，例如：早睡早起，勤奋刻苦，礼貌待人，讲究卫生，等等，这些好习惯一旦养成，我们就会受益终生；同时要克服坏习惯，例如：说话不文明，学习不认真，不尊敬长辈，等等，这些不良习惯一旦在我们的潜意识中扎下根，就很难克服，并会影响我们的自身形象，妨碍我们的成长。

王子选妻

从前，有一个国王生了两个王子。王子长大后，国王准备为他们选妻。他问大王子：“你喜欢什么样的女子?”大王子回答：“我喜欢瘦女子。”这个消息一传出，许多年轻女子就想：“如果顺利的话，我也可以成为太子妃。”于是，她们争先恐后地开始减肥。

不知不觉，国内几乎没有胖女子了。不仅如此，因为女孩子一碰面就竞相比瘦，甚至还有饿死的事发生。

但是，没过多久，大王子生病去世了；国王又任命小王子为太子。国王问小王子："你喜欢什么样的女子？"小王子说："我喜欢比较丰满的女子。"

这个消息一传出，那些年轻的女子们又开始大吃大喝增肥。不知不觉间，国内几乎没有瘦女子了。

而最后，小王子选定的新娘，竟是一位不胖不瘦的女子。

处世一点通

人们习惯于追赶时髦，只要有一个人带头，大家都争先恐后地去仿效。比如，学校一流行红裙子，所有女生都穿上红裙子，学校成了红色的海洋；一个男生爱踢足球，所有男生都买足球，带到学校里去，学校便成了足球队。其实，我们不必追赶潮流，因为潮流变化快，变来变去，弄得自己不知如何是好。重要的是，要保持自己的特色。具有个性的美，才是真正的美。

寻找点金石

点金石是一块小小的石子，它能将任何一种普通金属变成纯金。它就在黑海的海滩上，和成千上万的与它看起来一模一样的小石子混在一起。

然而，真正的点金石摸上去很温暖，而普通的石子摸上去是冰冰的。有一个人得知这个秘密后，变卖了财产，买了一些简单的装备，赶到海边扎起了帐篷，开始检验那些石子。

当他摸着冰凉的石子时，就将它扔进大海里。他这样干了一整天，却没有捡到一块是点金石的石子。然后又这样干了一个星期，一个月，一年，三年。但是，他还是没有找到点金石。然而，他继续这样干下去，捡起一块石子，是凉的，将它扔进海里，又去捡起另一颗，还是凉的，再把它扔进海里，又一颗……

但是，在一天上午，他捡起了一块石子，虽然这块石子是温暖的，他却随手就把它扔进了海里。他已经形成了一种习惯，把他捡到的所有石子都扔进海里。他已经如此习惯于做扔石子的动作，以至于当他真正想要的那一个到来时，他也还是将其扔进了海里！

处世一点通

习惯，真是一种可怕的东西。当一个人的潜意识中形成了一种惯性的力量时，他总是不自觉地重复着这种习惯的动作或行为，以至连他自己都难以控制。所以，我们在学习和生活中，要注意养成良好的习惯。良好的习惯有助于我们的成长，而不良的习惯，则阻止我们取得成功。

万玲儿的失误

万玲儿和张珊珊是某广告公司的美编，都在试用期。光看两人的作品，看不出技术水平谁高谁低。不过万玲儿在深圳做过两年美编。由于试用期后只能留下一个，人们以为万玲儿被留下的可能性较大。

但万玲儿上班时间的服饰有点离谱。她从来都是一身 T 恤短裤的打扮，光脚踩一双凉拖，也不顾电脑室的换鞋规定，屋里屋外就这一双鞋，还振振有词地说："深圳那儿上班的人都这样，再说我这不是穿着拖鞋吗。"不管是在工作台前画图，还是在电脑前操作，只要活干得顺手，一高兴起来准把鞋踢飞。刚开始，同事们还把她的鞋藏起来，和她开玩笑，后来发现她根本不在乎，光着脚也到处乱跑。同事给她起了个外号：疯丫头。

与万玲儿相反，另一个女孩张珊珊是第一次应聘美编工作，专业能力多少有点欠缺，人也内向，少言少语，穿着也像她的为人一样总是一身淡雅的套装，她从来不用怪发型、亮眼妆来标榜自己是搞艺术的，只是在小饰物上展示出不同于一般女孩的审美观点来。她说话温温柔柔的，很可爱，属于淑女型女孩。

一天中午，电脑室内突然飘出一股腥臭味道，弄得大家十分扫兴，也没有了工作热情，大家互相用猜疑的目光观察对方的脚，想弄清到底谁是"发源地"。不久，一个眼尖的同事发现窗台下面有嗦嗦的响声，原来那里放着一个黑色塑料袋，居然是一大袋海鲜。众人的目光不约而同地集中在万玲儿身上，因为这个袋子是她拎回来的。大家满以为她会把海鲜收起来，却不想她毫不在意地说：“你们真是小题大做，要找的竟是这个啊！嗨，这可怪不得我，这里的海鲜根本不叫‘海鲜’，充其量是‘海臭’，一点都不新鲜，简直比深圳的差远了。”她只管自我唠叨，一点拿走的意思都没有。

这时，张珊珊端过来一盆水说：“玲儿姐，把海鲜放在水里吧，我帮你拿到走廊去，下班后你再装走。”

万玲儿这才红着脸把袋子拎走，似乎还对大家有些意见。

结果可想而知，试用期一到，万玲儿就背包走人，尽管她的美术方案比张珊珊做得要好，但老总却不想因为留下这样一个不修边幅的人，而得罪其他职员。

处世一点通

万玲儿的失误就在于，她把自己的才气和个性当做资本，当做可以搅扰别人心情的原因。她失去这份工作，完全是由于她不注意形象的原因造成的。相信这个教训会使她终身难忘。

老鼠和船夫

老鼠聪聪的名声很坏，因为他年轻时偷过东西。

这天，聪聪正在河边钓鱼，忽然从上游来了一只小船，划船的小伙子姓创，叫创金。

创金瞧见了聪聪，就嘲笑他说："是老鼠聪聪呀，你在这儿干什么？该不会又想偷东西吧？"

聪聪脸一红，低声说："人家早学好了，不偷东西了。"

创金一副不以为然的样子："我才不信！老鼠还能学好？"

就在他俩拌嘴的时候，附近的小桥上突然传来了一阵喊声："救命呀！救命呀！"

啊，原来是一只小鸡不小心掉进了河里！小鸡金黄色的绒毛已经湿了，他正在水里吃力地扑扇着翅膀。

鸡妈妈看见了小船上的创金，便央求说："请快救救我的孩子，他不会游泳！"

创金说："可以是可以，不过你得送我100只鸡蛋。"

"行行行。"鸡妈妈连声答应。

老鼠聪聪催促创金说："小鸡快淹死了，你快点儿吧！"

谁知创金仍然不慌不忙，他对鸡妈妈说："我等着，你先回去取鸡蛋。"

哗——，这时，一个浪头打来，小鸡不见了。

鸡妈妈悲痛地晕了过去。

不知过了多久，鸡妈妈醒过来了。她睁开眼睛，发现自己正躺在绿茵茵的草地上，山羊公公、黄狗大叔、鸭子大婶都围在身边。掉进河里的小鸡也被救了上来，他没事了，只是绒毛还有点儿湿。

鸡妈妈又高兴又惊奇，忙问是谁把小鸡救上来的。

"是老鼠聪聪。"

"什么？老鼠聪聪？"鸡妈妈有些不相信自己的耳朵。

鸭子大婶说："我们大家赶到时，聪聪已经把小鸡救上来了。聪聪水性不太好，为了救小鸡，他自己还差点儿被淹死。"

"真没想到啊，"鸡妈妈说，"像创金这样的人还不如老鼠呢！我这就谢谢聪聪去。"

处世一点通

看了这个故事，我们自然会赞扬老鼠聪聪，批评船夫创金。老鼠不是曾经偷过东西吗？连创金、鸡妈妈等都不相信他会做好事，但他现在的的确确做了好事，还是舍已为人的大好事。这是什么原因呢？答案只有一个：聪聪彻底变好了！所以，我们千万不要对人抱有成见，养成用老眼光看问题的习惯，应该相信人是可以转变的，事物是在不断变化的。

2. 从小节开始，抛弃马虎和大意

一个人要养成从小节开始做起的习惯，因为从一些小事上，能反映出这个人做事的态度。人生由细节构成，成就由成绩构筑，细节中往往包含着决定成败的因子。如果一个人能够懂得从细节着手，人生一定可以过得充实，学习也一定会更出色。正如一位励志大师所说的那样：不要害怕把精力投入到似乎很不显眼的事情上，每次你完成这样一件小事，它都会使你变得更强大；如果你把这些小事做好了，大事往往自己就迎刃而解了。

订　票

日本东京贸易公司有一位专门为客户订票的女孩，经常给德国一家公司的商务经理预定往来于东京和大阪之间的火车票。不久，这位经理发现了一件看似非常巧合的事：每次去大阪时，他的座位总是在列车右边的窗口，返回东京时又总是靠左边的窗口。

有一次，这位经理把这件事告诉了订票小姐。小姐说："火车去大阪时，富士山在你的右边，返回东京时，它则是在你的左边。我想，外国人都喜欢日本富士山的景色，所以每次我都替你买了不同位置的车票。"

就这么一桩不起眼的小事使德国客户深受感动，并促使他把与这家公司的贸易额由原来的400万马克提高到了1000万马克。一张小小的车票居然价值600万马克，这不能不说是在小事上做足了准备的结果。

处世一点通

古人说："不积跬步，无以至千里；不积小流，无以成江海。"往往正是由于这些细节，成就了我们事业的大厦。沃伦·巴菲特曾给年轻人提出这样的忠告：我们可以看到，那些做事马虎的年轻人是很难有所作为的。所以，我们应该养成注意细节的习惯，因为细节中往往蕴含着机会，细节往往决定着成败。

念错了一个字

1990年，一位北京广播学院的实习生到中央电视台实习，他和其他许多实习生一样，非常希望能留在中央电视台工作，然而这谈何容易。到中央电视台实习的并不只他一个人。

北京广播学院到中央电视台相距20多公里，每天早晨，他5点多起床，6点多第一批离开学校。在赶着往城里上班的人群中，他是其中一个。顶着星星最晚回去的，也是他。不久后，他开始播报体育新闻。

4月份的一天，录了像，这位实习生晚上8点多才回到学院。忽然，他想起一个字：镐。那个时候韩国下棋的小伙子李昌镐还不是很有名。“镐”有两个读音，一是“gǎo”，一是“hào”。他想，这个字有两个读音，就问师兄，这个字怎么读？师兄很果断地说：“李昌镐（gǎo），李昌镐（gǎo）!”

他又询问另一个同学，这个同学说，应该念“hào”！他说，我觉得也应该念“hào”！他回到宿舍查字典得知，做地名的时候应该念“hào”，但字典中没有注明做人名的时候应该念什么。他还是拿不准，又给一个老师打电话，老师给了他一个明确的回答：“念‘hào’。”

坏了，我错念成“gǎo”了，这怎么办？播音嘛，白字、别字、错字，一定要杜绝！上学的时候，都把一些播音员念白字、错字的经历当笑话讲呀。他想，念错字让人当笑话讲也就罢了，正实习呢，出这么大一个错，这还得了！

饭也不吃了，他就顶着大风往回赶。赶到电视台，已经是晚上 9 点 50 分了。“蹬蹬蹬”跑到三层的播音室，把录像带取出来，找到播出员，把“gǎo”改成了“hào”，还不放心，一直看着播完，才放心地走了。

在电梯间，他碰见了台长。

电梯里就两个人。他向台长打招呼：“台长，您好。”

“啊，小伙子，这么晚才走?”

他回答：“有一个字念错了，我回来改一下。”

台长说：“你住哪儿啊?”

“住广院。”

“啊，蛮辛苦的嘛。”

“没办法，念错了字，就要回来改。”

“好好好，小伙子工作蛮认真。”

最后，在中央电视台实习的 5 个男生中，只留下了他一个人。

处世一点通

事无巨细都应竭尽全力，尽善尽美，如果一个人能够养成这样的习惯，一生一定可以过得充实，工作也一定会做得更出色！卡耐基曾说过：“不要害怕把精力投入到似乎很不显眼的工作上，每次你完成这样一件小工作，它都会使你变得更强大。如果你把这些小工作做好了，大的工作往往自己就迎刃而解了。”看似小起眼的小事，如果你把它做漂亮了，也许就是决定你命运的一个契机。

蝴蝶效应

美国汽车巨头——福特公司名扬天下，但是，谁又能想到它的创造者福特当初进入公司的“敲门砖”竟是“捡废纸”这个简单的动作？

原来，福特刚刚大学毕业时，到一家汽车公司去应聘，一同应聘的那几个人学历都比他高，在面试的时候，连福特自己都感到没有希望了。不过，当他敲门走进董事长办公室时，意外地发现门口地上有一张纸，便很自然地弯腰把它捡了起来，看了看，是一张废纸，就顺手把它丢进了垃圾篓里。正是这一细小动作，被董事长看到眼里，从而对福特产生了好感。福特刚说了一句话：“您好！我是来应聘的福特。”董事长就发出了决定福特一生的邀请：“很好，福特先生！你已经被我们录用了。”此时，沉浸在意外中的福特根本没有想到，这个幸运的消息其实源自于他那个不经意的动作。这个动作使福特开始了辉煌的人生之路，直到公司改名，直到福特汽车闻名天下。

被科学家用来形象说明混沌理论的“蝴蝶效应”，也存在于我们的人生历程中：一次大胆的尝试，一个灿烂的微笑，一个习惯性的动作，一种积极的态度，一次真诚的服务，都可以成为成功的契机，带来意想不到的收获。

谁能捕捉到对生命有益的“蝴蝶”，谁就不会被社会抛弃。

处世一点通

根据“蝴蝶效应”，一只蝴蝶在巴西扇动翅膀，有可能在美国的得克萨斯州引起一场龙卷风。细节决定命运，细节决定成功。一个良好的习惯，一种积极的性格，都是从小事培养起的。俗话说：一屋不扫，何以扫天下！一个连小事都做不好的人，又怎么能做得好大事呢？

一滴油的收获

有一位青年在美国一家石油公司工作，他所从事的工作连小孩都能胜任，就是巡视并确认石油罐的盖子有没有自动焊接好。

石油罐在输送带上移动至旋转台上，焊接剂便自动滴下，沿着盖子回转一周，作业就算结束。他每天如此，反复好几百次地注视着这种作业，枯燥无味，厌烦极了。他想创业，可又无其他本事。他发现罐子旋转一次，焊接剂滴落 39 滴，焊接工作便结束了。他想，在这一连串的工作中，有没有什么可以改善的地方呢？一天，他突然想到：如果能将焊接剂减少一两滴，是不是能节省点成本？

于是，他经过一番研究，终于研制出“37 滴型”焊接机。但是，利用这种机器焊接出来的石油罐，偶尔会漏油，并不理想。但他不灰心，又研制出“38 滴型”焊接机。这次的发明非常完美，公司对他的评价很高。不久便生产出这种机器，改用新的焊接方式。虽然节省的只是一滴焊接剂，但“一滴”却给公司带来了每年5亿美元的新利润。

这位青年，就是后来掌握全美制油业95%实权的石油大王——约翰·洛克菲勒。

处世一点通

从小事做起，以致成就大业，细节也可以打造成功之舰。许多人认为办大事才是创大业，殊不知，大事也是从小事开始的。约翰·洛克菲勒的成功关键就在于特别注意普通人往往会忽略的平凡小事。从小事中发现机遇、找到突破点，因而才能做别人所不能做的事情。

赶　路

一位远行的商人，牵着驴，想赶在天黑前到家。于是，他把装钱的背包放在驴背上捆好，骑着驴动身了。

中午，商人下驴歇脚时，店小二对他说：“客官，您的驴左后脚上的蹄铁掉了颗钉子！”

“随它去吧，”商人说，“还有六个小时的路程，蹄铁不会掉的。我急着赶路呢。”

下午，在一个小地方歇脚时，路人又对他说：“先生，您的驴左后脚上的蹄铁掉啦!”

“随它去吧，”商人说，“只剩下两小时的路程了，驴能挺得住的。”

商人骑上驴走了。可是，没多久，驴腿就瘸了；瘸了没多久，就摔倒了，折断了一条腿。商人不得不丢下驴，解下背包扛到肩上，步行回家。

处世一点通

有个成语，叫做“欲速则不达”。为什么这样呢？因为人一门心思想快点到达目的地，就容易大意，心存侥幸，顾不得“磨刀”；殊不知，有时似乎不起眼的小事，恰恰酿成了大祸。所以，我们做事时，不要急功近利，要仔细做好每一件小事，以免因小失大，到时悔之晚矣。

一只马掌钉惹的祸

一位将军率领军队与他的死对头相遇了，这场战斗的胜败将决定国家的命运。

战斗进行的当天早上，将军派了一个马夫去备好自己最喜欢的战马。

“快点给它钉掌，”马夫对铁匠说，“将军希望骑着它打头阵。”

“你得等等，”铁匠回答，“我前几天给将军全军的马都钉了掌，现在我得找点儿铁片来。”

“我等不及了，”马夫不耐烦地叫道，“敌人正在推进，我们必须在战场上迎击敌兵，有什么你就用什么吧。”

铁匠埋头干活，从一根铁条上弄下四个马掌，把它们砸平、整形，固定在马蹄上，然后开始钉钉子。钉了三个掌后，他发现没有钉子来钉第四个掌了。

“我需要一两个钉子，”他说，“得需要点时间砸出两个。”

“我告诉过你我等不及了，”马夫急切地说，“我听见军号了，你能不能凑合？”

“我能把马掌钉上，但是不能像其他几个那么牢实。”

“能不能挂住？”马夫问。

“应该能，”铁匠回答，“但我没把握。”

“好吧，就这样，”马夫叫道，“快点，要不然将军会怪罪到咱们俩头上的。”

两军交上了锋，将军冲锋陷阵，鞭策士兵迎战敌人。“冲啊，冲啊！”他喊着，率领部队冲向敌阵。远远地，他看见战场另一头几个自己的士兵退却了。如果别人看见他们这样，也会后退的，所以将军策马扬鞭冲向那个缺口，召唤士兵调头战斗。

他还没走一半，一只马掌掉了，战马跌翻在地上，将军也被掀在地上。

将军没有再抓住缰绳，惊恐的战马就跳起来逃走了。将军环顾四周，他的士兵纷纷转身撤退，敌人的军队包围了上来。

他在空中挥舞宝剑，“马！”他喊道，“一匹马，就因为这一匹马，我的国家就倾覆了。”

他没有马骑了，他的军队已经分崩离析，士兵们自顾不暇。不一会儿，敌军俘获了将军，战斗结束了。

处世一点通

做事要认真、仔细，千万不要养成马虎的习惯。做事认真，才会万无一失，才不会留下漏洞和隐患。要做到这一点，必须冷静，心平气和，不急不躁，一步一个脚印，扎扎实实地推进。做大事如此，做小事也是这样。例如，做作业，如果只图速度，不细致地一步一步来做，虽然很快就完成了，错误肯定也不少，到头来得不偿失。

多了一个“0”

日本东盛公司是一家大型企业。有一年，会计在申报税务时，误将当年的企业收入后面多加了一个“0”，结果企业所得税与应交的税款不符。当地的税务稽查部门于是找到东盛公司的总经理，严厉批评他们说：“你们公司漏交企业所得税，是偷税漏税的行为，必须马上补上，还要交滞纳金！”

总经理听后，感到十分奇怪，因为公司从来都是老老实实申报收入，老老实实上交税款的，没有任何隐瞒收入的违法行为，何来偷税漏税？这时，税务稽查人员进一步说：“你们的企业收入没有隐瞒不假，但所得税与应交款不符，白纸黑字，难道还狡辩不成？”

总经理没办法，只得找来会计进行核对，并协助税务部门重新核查账务，结果才发现是那多余的一个“0”造成的！

处世一点通

这个会计的一时马虎粗心，给公司惹来了麻烦，幸好没有造成损失，解释清楚就可以了。然而很多时候由马虎粗心所造成的损失是无法补救的。也许我们也有这样的教训，平时的学习成绩很不错，谁知在考试时，不小心点错了一个小数点儿，或不小心写错了一个符号，于是就丢了不少分。

哈尔滨与“哈乐滨”

哈尔滨有家挂面厂，曾花巨资从美国引进一条挂面生产线，作为附带合同，随后又花28万元从美国购进2000卷重15吨的塑料包装袋。而塑料包装袋的袋面图案由挂面厂请人设计。当样品设计好后，经挂面厂与省经贸机械进出口公司的人员审查，交付美方印刷。

几个月后，当这批塑料袋漂洋过海运抵哈尔滨时，细心的人们发现有点不对劲，仔细一看，当时全傻了眼，原来每个塑料袋的袋面图案上的“尔”字全印错了，变成了“乐”字，哈尔滨变成了“哈乐滨”。

这到底是怎么回事呢？经过多方调查，发现原来是本厂的设计人员一时马虎，把设计样本输入错了，而进出口公司的人员检查时也一时大意没有发现。就因为这样，使价值28万元的塑料袋变成了一堆废品，给公司带来了严重的损失，相关人员都受到了严厉的处分。

处世一点通

小事酿大祸，小问题造成大损失，这一切都与粗心和不细致有关。在生活中，我们的一时大意可能不会引起多大的危害，然后，如果养成习惯，到了关键时候，这个缺点就足以给我们造成重大损失。这样的教训，古今都有。例如，关老爷大意失了荆州，就是一个著名例子。

小买卖赚大钱

美国一名13岁的学生李斯德，曾经替人照看婴儿以赚取零用钱。他留意到家务繁重的婴儿母亲经常要紧急上街购买纸尿片，于是灵机一动，决定创办电话送尿片公司，只收取1美元的服务费，便会送上纸尿片、婴儿药物或小件玩具等商品。

最初，李斯德只给附近的家庭服务，很快便受到左邻右舍的欢迎，于是他印了一些卡片四处分送。结果业务迅速发展，生意很好。但由于李斯德还在上学，只能在课余用自行车送货，于是他用每小时6美元的薪金雇用了一些大学生帮助他。现在，李斯德已拥有多家规模庞大的公司。

而在中国，有一个义乌商人叫楼仲平，他靠生产饮用吸管起家。生产一根吸管的利润仅有八毫钱，可他却靠着这八毫钱的利润，构筑起了自己人生成功的大厦。目前，他拥有的儿童日用品有限公司，是世界上最大的饮用吸管生产企业，有六十条生产线，公司百分之九十的吸管销往世界各地，日出口吸管八吨，一年的产量占了全球吸管需求量的四分之一以上，每月利润达四十万元。

创业初期，楼仲平租了两间平房，买来两台机器，和妻子没日没夜地做吸管，做得手指头根根发痛。刚赚了一点钱，金融危机爆发，塑料原材料大幅涨价，许多吸管厂纷纷改行，可楼仲平坚信："吸管是易耗品，需求量大。只要过了这个坎儿，一定有钱赚。"靠着这个信念，他硬是挺过来了，将吸管产业越做越大。当时，网络在中国还是新生事物的时候，他就把吸管放到网上卖了。靠着网络，他把吸管推销到了全世界，通过电子商务成交的业务占据了公司总业务的一半以上。

靠一根小小的吸管，赢得了事业的辉煌。楼仲平人生成功的故事，给了我们深刻的启示：不要轻视小事，小事也能成就大业。在危难面前，在紧要关头，成功往往青睐那些多坚持了一秒的人。

还有一个义乌商人叫毛应理，开始他靠卖炒瓜子为生。一次，他去新疆进瓜子，见新疆人将杏肉制成果脯，杏核壳太硬，就全部扔掉了。望着满地的杏核，毛应理想，如果这些杏核也能像瓜子一样炒着吃，那该多好啊。为了证实自己的这个想法，他直接从新疆飞到北京，请专家鉴定。结果，杏仁不但能食用，而且有很高的营养和药用价值。于是，他从新疆收购了大量的杏核，运回义乌。

他夜以继日地炒杏仁，试验了无数种炒制技巧，终于让硬壳开了"口"。产品一出来，市场就供不应求。原先被弃于一边的小杏仁还飞越重洋，每年给毛应理创造八百万美元的收入。

处世一点通

小处中往往蕴含着机会，细节往往决定着成败。有时正是这些不起眼的小事或细节，决定着一个人的成败；有时哪怕是一个微不足道的行为，也许会改变一个人一生的命运。一位成功学家指出：垃圾是放错了地方的宝贝。在一个有心人眼里，哪怕是被人丢弃的垃圾，也能发现它的财富和价值。

三个驴友

三个驴友同时住进了一个旅店。早上出门的时候，一个驴友带了一把伞，另一个驴友拿了一根拐杖，第三个驴友什么也没有拿。晚上归来的时候，拿伞的驴友淋得浑身是水，拿拐杖的驴友跌得满身是伤，而第三个驴友却安然无恙。于是前两个驴友很纳闷，问第三个驴友："你怎么会什么事都没有呢?"

第三个驴友没有回答，而是问拿伞的驴友："你为什么会淋湿而没有摔伤呢?"

拿伞的驴友说："当大雨来临的时候，我因为有了伞就大胆地在雨中走，却不知怎么淋湿了，当我走在泥泞坎坷的路上时，我因为没有拐杖，所以走得非常仔细，专拣平稳的地方走，所以没摔伤。"

然后，他又问拿拐杖的驴友："你为什么没被淋湿却摔伤了呢?"

拿拐杖的说："当大雨来临时，我因为没有带伞，便拣能躲雨的地方走，所以没被淋湿；当我走在泥泞坎坷的路上时，我便用拐杖拄着走，却不知为什么常常跌伤。"

第三个驴友听后笑了笑，说："这就是我安然无恙的原因。当大雨来时我躲着走，当路不好时我小心地走，所以我没有淋湿也没有摔伤。你们的失误就在于你们有可以凭借的优势，认为有了优势便少了忧患。"

处世一点通

有时候，我们拥有的优势并没有被利用上，反而栽在上面了，这是什么原因呢？这是由于大意和松懈。因为有了优势，便自认为可以松一口气，殊不知偏偏就坏在"可以松一口气"的心理上。我们都知道龟兔赛跑的故事，为什么擅长跑步的兔子败在不擅长跑步的乌龟手里？就是因为兔子以为自己有优势，就大意了。可见，优势也可能转化为劣势。再比如，有的人自以为聪明，滋长了骄傲情绪，功课反而不如别人；有的人因为不擅长某一门功课，便备加努力，成绩却一下子超过了其他同学……生活中这样的例子还很多。

你喝过马桶水吗

多年前，一个女孩来到东京帝国酒店当服务员。这是她涉世之初的第一份工作，因此她很激动，暗下决心：一定要好好干！但让她想不到的是，上司安排给她的工作却是去清洗厕所！

没人爱干洗厕所的工作。何况她是一个从未干过粗重活儿、喜爱洁净的女孩呢！洗厕所时，在视觉、嗅觉以及体力上都使她难以承受，心理暗示的作用更是使她忍受不了。当她用自己白皙细嫩的手拿着抹布伸向马桶时，胃里面立刻翻江倒海，恶心得几乎呕吐，却又吐不出来，难受极了。而上司对她的工作质量要求又非常高，高得几乎吓人：必须把马桶抹洗得光洁如新！正在这关键时刻，同单位一位前辈出现在了她面前，他一遍遍地抹洗着马桶，直到抹洗得光洁如新，然后，他从马桶里盛了一杯水一饮而尽！脸上竟然没有一丝勉强。实际行动胜过千言万语，他不用说一句话就告诉了这个女孩一个极为朴素、极为简单的真理：只有马桶中的水达到可以喝的洁净程度，才算是把马桶抹洗得“光洁如新”了。

她目瞪口呆，热泪盈眶，并且恍然大悟。她痛下决心：“就算一辈子洗厕所，我也要做一名最出色的清洁工！”

于是，她振奋精神，全身心投入到工作中去，她的工作质量也达到了那位前辈的高水平。当然她也多次喝过厕所的水，为了检验自己的自信心，为了证实自己的工作质量，也为了培养自己的敬业精神。她很漂亮地迈好了人生的第一步，开始了不断走向成功的人生历程。

几十年后，她成为了日本政府中的一位重要官员——邮政大臣。

处世一点通

有人虽然树立了远大理想，却看不起日常工作，不愿从小事做起，认为那是胸无大志的人干的事情。其实，一件小事也可以干得出色，干得出类拔萃；即使是干大事，也是从小事干起，日积月累而成的。一件小事，也能看出一个人是否认真、细致、耐心、尽职和敬业。一个人连一件小事都干得马马虎虎，又凭什么去干大事业呢？所以说，要干大事，首先要干好小事。

裁　员

张小姐和李小姐都是某知名企业的公关员，因为最近老总有计划要裁员，张小姐和李小姐都在工作上较起了劲。

过了一段时间，公司决定为一个即将启动的项目举办个剪彩仪式，一切工作就都交给张小姐和李小姐负责，这其实是对她们俩的一次变相的考验。剪彩仪式上，两人的表现都很精彩，不过最后老总还是在一个小细节上判定了两人的胜负。那天的仪式，原定由五位市里的领导剪彩。当五位领导被请上台后，老总发现台下还有一位相当级别的领导也来了，于是又把这位领导也请上台一同剪彩。张小姐急得眼泪差点掉下来：这可要出洋相了！关键时刻，李小姐却从手袋里又拿出一把剪刀递上去。六位领导喜气洋洋地剪完了彩，皆大欢喜。三天后，人事部下了一个通知：张小姐走人，李小姐升任公关经理。

处世一点通

一个人的能力往往是通过一个又一个细节来展现的，所以关注细节的人，就比较容易给他人留下良好印象，当然也就可以更顺利地走向成功。这两位小姐的成败，就系在了一个小小的细节上。一个看似不起眼的细节，你把它处理好了，可能就会得到一份意外的惊喜。所以在工作中，我们一定要注意培养细心谨慎的习惯，为未来的事业打基础。

清酒的由来

日本的米酒在明治之前是比较浑浊的，这是美中不足的地方，影响了人们的消费。酿酒师们想了各种办法，就是找不到使酒变清的方法。

有个以制作和经营米酒为生的小商人，名叫左滕木森。一天，他与佣人产生了矛盾。佣人怀恨在心，伺机报复。他趁晚间偷偷将炉灰倒入做成的米酒桶内，想让这批米酒变成废品，使主人遭受经济损失。然后，他远走高飞了。

谁知，到了次日早晨，左滕木森到酒厂查看时，发现了一个从未有过的现象：原来浑浊的米酒现在变得清亮了。他感到奇怪，仔细地检查了一番，终于发现桶底有一层炉灰。敏锐的他立即意识到炉灰具有过滤浊酒的作用。他立即投入试验、研究。经过一次又一次的实验和改进之后，终于找到了使浊酒变成清酒的办法，制成了后来畅销日本的清酒。

处世一点通

事物都具有偶然性，虽然它发生的概率比较低，但它毕竟存在。左滕木森的成功似乎是灵感乍现的结果，但其实不然，这正是他平时重视细节的结果。左滕木森的故事还告诉我们，有时一个细节往往就会创造奇迹。所以，不要忽略我们生活和学习中的细节，抓住细节，也许它就是成功的开始。

一口痰与一笔生意

有一家企业，为了从德国引进一条先进的输液软管生产流水线，做了长期的艰苦努力，终于说服了对方，且德方代表也已来到中国，就差在合同上正式签字了。可是，就在步入签字会场的那一刹那，中方代表突然咳嗽了一声，一口痰涌了上来。他环视了一下，一时没有找到痰盂，便随口把痰吐在了墙角，并小心翼翼地用鞋底蹭了蹭。

那位严肃认真的德国人见此情景，不由得皱了皱眉。这位中方代表不注意形象的行为引起了他深深的忧虑。他想：输液软管是专供病人输液用的，必须绝对无菌才能符合标准，可西装革履的中方负责人居然会随地吐痰，想必该厂工人的素质也好不到哪里去，如此生产出的输液软管，怎能保证绝对无菌？到时岂不影响生产线的声誉？于是他当即拒绝在合同上签字。这家企业将近一年的努力就这样在转瞬之间付诸东流！

处世一点通

像这样一个小小的不良习惯坏了一件大事的教训，我们经常能够从报纸上，从电台里，从人们日常的谈资中找到。可见，时时刻刻注意自己的外在形象，注意自己的生活细节是多么重要的事情。

超市里的鱼

在鲜货市场里，我们不止一次地见到售货员用铁棍敲打一条条原本活蹦乱跳的鱼，来向顾客展示他们的鱼有多新鲜。这血淋淋的场面，不禁让我想起在国外的见闻——

一次，我到超市里去购鱼，售货员让我稍等一会儿，因为现在有一群动物保护协会的成员正在收集超市虐待动物的证据。我十分不解，超市怎么会虐待动物？售货员告诉我，他们不允许在超市里将活鱼杀死，说这太残忍和血腥。

于是，为了这些似乎没有道理的理由，超市采取了一种变通的办法，就是在杀鱼前，将鱼电昏，然后再宰杀。

这是一件让人觉得十分温暖的事情。因为，小动物的命运就会让人想起人类自己。在这些看来有些荒唐的理由中，我们看到了人性的善良光辉，从而产生一种温暖的冲动。

还有一件事，我去一家酒店，在盥洗室，看到一张图文并茂的小纸片，小纸片说："电的产生需要很多能源，开发这些能源又要造成不少环境污染，因此，为了使环境清洁美观，请你再使用一次毛巾。"

为什么关于一条毛巾的说明，其中的道理让人感到那么厚重？我们每个人都懂得保护环境的重要性，但是真正能做到如此细心和周到的又有几人？有时候大家只是说说，付诸行动却是那么的困难。这小纸片上虽然是只言片语，但这需要多大的耐心和责任意识啊。

处世一点通

一条鱼也是一条生命，也有生存的权利，即使不能摆脱被"刀俎"的命运，也应有自己的尊严；一条毛巾也可以再利用一次，即使从环保的意义考虑，也是人们义不容辞的责任。在我们周围，还有很多很多像这样微不足道的，却能折射人性光辉的小事，我们为什么不尝试去做呢？一些小事，我们做起来是轻而易举的，却偏偏不愿意去做，这是令人匪夷所思的。

3. 积极热情，好生活离不开好心态

心态，就是我们看待事物的态度。心理学家认为：你的心态是什么样子，你的生活就会成为什么样子，你的命运就会成为什么样子。一个持积极心态的人，对自己的能力有信心，对未来充满希望，就会积极去创造美好的生活；而一个持消极心态的人，对未来不抱希望，也就不会积极投身于事业中去，结果只能落于平庸。

舍 得

家里还有 18 颗香豆，宁宁要了一颗，还剩下 17 颗。妈妈把 17 颗香豆一颗一颗地摆在桌面上。她吩咐宁宁把这 17 颗香豆分成三份——爸爸一份，妈妈一份，他自己一份，但要求宁宁的一份是桌上香豆的 1/2，妈妈的一份是香豆的 1/3，爸爸的一份则是香豆的 1/9。不能把香豆掰开，也不能剩下。这下可把宁宁难住了。17 不能被 2、3 和 9 整除，怎么也不可能按妈妈的要求去分呀！他急得抓耳挠腮，还是无计可施。

妈妈见状，叹了一口气，意味深长地说："要是有 18 颗香豆就好分了，是不是？"

宁宁是一个非常机灵的孩子，一听这话，知道是妈妈在提醒自己，就赶紧把手中那颗还没来得及吃的香豆拿了出来，凑成了 18 颗。这样难题就迎刃而解了。更令他高兴的是，最后他先得到的那颗香豆仍剩了下来，还属于他。

这时，妈妈对宁宁说："儿子，这下你应该知道了吧，要解开这道题，你就必须舍得。要是舍不得把自己手里的香豆拿出来，你就永远解不开这道题；而且，你一旦舍得了你已经有的东西，你实际上什么都不会损失。其实，与人相处也是这样！孩子，你要记住，人生也是一道题，时时处处你都必须舍得。"

处世一点通

要想取得，必先舍得，这是一条做人的基本道理。试图空手套白狼式地获取，是不现实的。世上没有不费吹灰之力就唾手可得的东西，小舍小得，大舍大得，不舍不得。试想，我们在学习和生活中，哪一样东西不是“换”来的呢？要想获得知识，必须付出勤奋；要想获得友谊，必须付出真诚……一味地追求所得和所获，而不想付出任何代价是不可能的。

致胜法宝

李维斯和其他许多淘金的美国人一起，到西部去碰运气。一日，他发现有一条大河挡住了他的路，正是雨季，河水越来越深。苦等数日，被阻隔的行人越来越多，但都无法过河。于是陆续有人向上游、下游绕道而行，也有人打道回府，更多人则是不断抱怨。面对这样的局面，李维斯想起了一位教授传授给他的“思考致胜”法，那是一段话：“太棒了，这样的事情竟然发生在我的身上，又给了我一个成长的机会。凡事的发生必有其因果，必有助于我。”于是他来到大河边，“非常兴奋”地不断重复着对自己说：“太棒了，大河居然挡住我的去路，又给我一次成长的机会，凡事的发生必有其因果，必有助于我。”很快，他真的有了一个绝妙的创业主意——摆渡。没有人吝啬一点小钱坐他的渡船过河，很快，他人生的第一笔财富居然因大河挡道而获得。

当行人陆续过河后，摆渡生意开始清淡。李维斯决定放弃，并继续前往西部淘金。来到西部，四处是人，他找到一块合适的空地方，买了工具便开始淘起金来。没过多久，有几个地痞无赖围住他，叫他滚开。好容易找到另一处合适地方，没多久，他又被人轰了出来。在历经欺侮之后，他又一次想起了致胜法宝："太棒了，这样在事情竟然发生在我的身上，又给了我一次成长的机会，凡事的发生必有其因果，必有助于我。"他真切地、兴奋地反复对自己说着，终于，他又想出了另一个绝妙的主意——卖水。

西部黄金不缺，但似乎自己无力与人争雄；西部缺水，可似乎没什么人能想到它。不久他卖水的生意便红红火火。慢慢地，也有人参与了他的新行业，再后来，同行的人已越来越多，生意也就越来越清淡，李维斯不得不再次接受现实。他开始调整自己的心态，再次强行让自己兴奋起来，不断对自己说着："太棒了，这样的事情竟然发生在我的身上，又给我一次成长的机会，凡事的发生必有其因果，必有助于我。"

很快，他发现来西部淘金的人衣服极易磨破，同时又发现西部到处都有废弃的帐篷，于是他又有了一个绝妙的好主意——把那些废弃的帐篷收集起来，洗干净，就这样，他缝成了世界上第一条牛仔裤！从此，他一发不可收拾，最终成为举世闻名的"牛仔大王"。

处世一点通

“太棒了，这样的事情竟然发生在我的身上，又给我一次成长的机会，凡事的发生必有其因果，必有助于我。”这是阿Q的精神胜利法吗？不是，它是一种心态，一种面对生活、面对挫折的积极心态。面对挫折，是自暴自弃，让自己沉沦下去，还是把每一次挫折当作一个新的起点、新的机会？如果持前一种心态，永远不会成功；如果持后一种心态，成功也就不会遥远。

三只钟

一只新组装好的小钟摆放在了两只旧钟当中。两只旧钟一分一秒地走着：“滴答”、“滴答”。其中一只旧钟对小钟说：“来吧，你也该工作了。可是我有点担心，你走完3200万次以后，恐怕便吃不消了。”

“天哪！3200万次。”小钟吃惊不已。“要我做这么大的事？太可怕了，我担心办不到。”

另一只旧钟则说：“别听他的。小钟，你不用害怕，你只需每秒滴答摆一下就行了。”

“每秒只滴答一下？天下还有这样简单的事情？”小钟将信将疑。“如果这样，我就试试吧。”

小钟很轻松地每秒钟“滴答”摆一下，不知不觉中，一年过去了，它摆了3200万次。

处世一点通

每个人都有梦想，然而有人觉得梦想遥不可及，由此产生了倦怠和不自信，进一步放弃了努力。其实，只管干就是了，大可不必想以后的事。有时，你一直干着、干着，不知不觉已干出很多，便突然发现，成功并不像最初想象的那么难。

真正的淘金者

18 世纪初，两个美国人沿密西西比河淘金。到了一个河汊后，他们分手了，因为一个人认为阿肯色河可以淘到更多的金子，一个人认为去俄亥俄河发财的机会更大。

没过几年，到俄亥俄河的那个人果然发了财，他不仅找到了大量的金沙，而且建了自己的码头，修了公路，购买了船坞，并在码头附近建立了一座小城镇。

而到阿肯色河的那个同伴似乎没有那么幸运，自分手后就没了音讯。有的说已经葬身鱼腹，有的说已经回到了家乡。直到数十年后，一个重三四公斤的自然金块在全国引起轰动，人们才知道他的一些情况。当时，一位记者曾对这块金子进行跟踪，他写道：“这颗全美最大的金块来源于阿肯色，是一位年轻人在他屋后的鱼塘里捡到的，从他祖父留下的日记看，这块金子是他的祖父扔进去的。”

随后，报纸刊登了那位祖父的日记。其中一篇是这样的："昨天，我在河边又发现了一块金子，比去年淘到的那块更大，进城卖掉它吗？那就会有成百上千的人拥向这儿，我和妻子亲手用一根根圆木搭建的棚屋、挥洒汗水开垦的菜园和屋后的池塘，还有傍晚的火堆、忠诚的猎狗、美味的炖肉山雀、树木、天空、草原，大自然赠给我们的珍贵的静逸和自由都将不复存在。我宁愿看到它被扔进鱼塘时荡起的水花，也不愿眼睁睁地望着这一切从我眼前消失……"

18 世纪中叶，正是美国开始创造百万富翁的年代，每个人都在疯狂地追求金钱。可是，这位淘金者却把淘到的金子扔掉了，有很多人认为这是难以置信的，直到现在还有人产生怀疑。当然，也有人认为它是真的。因为在许多人心目中，这位淘金者是一位真正淘到金子的人。

处世一点通

许多以牺牲环境为代价搞经济的地方，最后又花巨资恢复生态环境。那是一种短视行为。可贵的是，很早就有人认识到这一点。那位去阿肯色淘金的人，并没有视金块为财富，而是将"他亲手用一根根圆木搭建的棚屋、挥洒汗水开垦的菜园和屋后的池塘，还有傍晚的火堆、忠诚的猎狗、美味的炖肉山雀、树木、天空、草原，大自然赠给我们的珍贵的静逸和自由"当做真正的"金块"。是啊，还有什么比宁静、幽美、安逸和自由的生活更重要的东西呢？没有一份洒脱、宁静的态度，也就不会真正理解这一点。这种心态对于环境问题非常严峻的今天，意义尤为重大。

圣诞的烛光

这是二战期间的一个小插曲。在纳粹集中营的一个潮湿阴暗的小屋里，许多囚犯被关押了起来。室内暗无天日，只有当太阳或月亮照在外面破旧的铁丝网上没有生锈的部位时，偶尔可以看到一两点反射进来的亮光。

在这样的环境已经生活好几年了，或许是好几个十年了也难说。“囚犯”们的身体已熬得相当虚弱和憔悴，没法再来计算准确的时间了，刚开始时他们还盼望着自由的那一天，后来，每一个人的心都麻木了。

他们的前后左右，都躺着刚刚死去的狱友。疾病、饥饿，时刻在威胁着他们的生命，他们已不再相信战争会结束，自己还有新生。他们迟钝恍惚地生活着，只有一件东西还使得他们关注：那就是动物般的饥饿，就连老鼠和蛇也被他们抓来吃光了。

然而，集中营里只有布莱司还有一样额外的东西可以吃，那就是蜡烛。当然他并不是一开始就把它当作食物的——一个正常的人是吃不下蜡的，但如果你看到四周全是和你一样的瘦弱的身体时，你就不会低估这根蜡烛的价值了。当他实在没法忍受饥饿的折磨时，就小心地把压得扁平的小皮箱从隐藏的地方拿出来，取出蜡烛轻轻地咬一小口，他把它当作最后的粮食，不到每一个人都被饿得发疯的那一天，他绝对不会轻易动用它。

他答应留给他的朋友拉亚一小块。所以拉亚每日每夜地守护着他的小皮箱，以防他一个人全部吃掉，这早已变成了拉亚生活的支柱了。

一天晚上，一个“犯人”在数了数他刻在屋梁上的记号后，告诉大家今天是圣诞节。他用平淡而毫无生气的语调说：“明年的圣诞我们就都在家里了。”只有几个人点了点头，大多数人都没有反应，谁还能对这种生活存有信心呢?

这时，有人用一种奇怪的语调叹道：“圣诞之夜，蜡烛在闪烁，铃儿响叮当。”他的声音似乎来自一个非常遥远的不可知的世界，轻微得几乎听不见。没有人为之动情，他所说的事物是不存在的。

夜很深了，他们躺在各自的床板上，想着各自的心事——或者更准确地说，什么也不想。布莱司变得辗转不安，一会儿他起身摸出他的小皮箱把蜡烛拿了出来，拉亚清晰地看见它在黑暗中的白光。“他饿了，他要吃那根蜡烛了，除非他没忘记我!”他这么想到。

布莱司把蜡烛放在他的床上，然后走到外面燃着一团火的地方，取回一小块燃烧着的木柴，这一点点微光在漆黑的小屋像鬼火一般闪耀着。他坐回到他的铺位上，点燃了蜡烛。

没有人说话，慢慢地，黑影一个一个地靠过来，沉默中，这些双颊深陷，两眼饥饿，半裸着的男人把蜡烛团团地围了起来。

更多的人一个又一个地围拢过来，还有牧师和教士。

“这是圣诞节，”牧师用沙哑的声音说，“烛光在黑暗中燃烧。”

于是教士说道：“长夜终将被征服。”

你可以在福音书中找到这一章节。然而那一夜，围绕着那根蜡烛，这一切不再是几个世纪前写在书上的话，它变成了一个活生生的事实，清清楚楚地放在他们每一个人的面前。

那根蜡烛比他们以前所见到的所有的蜡烛都要洁白美丽，在火光中，他们看到了不属于这个世界的东西，他们原来深陷于泥泞和沼泽之中，而今天他们听到了上千个银铃在风中叮当响成一片，还有天使们为他们快乐地歌唱。

蜡烛越燃越亮，火光在不停地闪耀，它冲破了小屋那沉郁的屋顶，冲向了漆黑无垠的天空，所有的事物都变得那么光明，世界瞬间都变得通明发亮。

他们自由了，他们不再饥饿，他们精神振奋。如果现在有人说：“明年的圣诞我们就在家里了。”没有人再会怀疑，因为烛火默默地向他们这么说着，圣诞的火焰用燃烧的信笺这么向他们说着。他们都真真切切地看到了。

处世一点通

毛泽东说过：“越是在困难的时候，我们越是要看到光明，看到希望，提高我们的勇气。”一个人处在最艰难的关头，最重要的是不要失去了自己的希望和生活的勇气，要用乐观的精神去面对苦难，用积极的心态去看待未来，从而增强自己的韧性、信心和力量，战胜一切阻碍和挑战，迎接曙光。

一只圆

一只圆缺了一小块，它想要找回完整的自己，就到处寻找自己失去的碎片。由于它是不完整的，滚动得非常慢，从而有机会领略沿途美丽的鲜花，和虫子们聊天，充分感受阳光的温暖。它找到许多不同的碎片，但都不是原来的那一块，于是它不断寻找着——直到有一天，它实现了自己的心愿。

它成了一只完美无缺的圆之后，滚动得太快了，以致却错过了花香，忽略了虫子的身影，忘记了春光的和煦。当它意识到这一点时，它毅然舍弃了历尽千辛万苦才找到的碎片，宁愿自己不完整。

处世一点通

这个哲理故事告诉我们：正是放弃，才令我们完整。放弃，是需要胆识和智慧的。在生活中，很多人在放弃一些看来还不错的事情时，往往总是表现出犹豫不决的态度，这正如面对鸡肋，食之无味，弃之可惜。但是，如果不能果断放弃，你就不会有更好的选择，更不会得到什么好的结果。

祸　根

大武收到了一张年历，上面印着从2000—2011年共12年的日历。

“太好了！我有一份可以用10年以上的年历，这还是头一回看到呢!”大武夹着卷成筒状的年历回到了家。

老婆却发愁了：“这么大的年历往哪儿挂呢?”

房间的墙壁几乎全被家具挡住了，连孩子的房间也贴满了歌星的大照片。

“没法子，挂到卫生间的墙上吧。”

虽说不是理想的位置，倒也说得过去。打那以后，有两个多月，大武每天都要观赏那张年历。这么一来，他就经常在上厕所的时候想象一下10年后的情景：儿子大学毕业的年份，女儿20岁的年份都显示出来了。儿子、女儿该办喜事的日子也能推算出来……“3年后的这个时候，我怎么也得当上科长吧，再过一年的这个月，我可以改造住房了。”年已45岁的大武手指年历，编织着希望，最后干脆用彩笔圈了下来。“改建费用借银行贷款的话，这个时候可以返还一半，从这儿开始准备养老的储蓄……”

然而，过了两个半月，大武忽然变得寡言少语了。

大武一向以工作狂自居，现在他连去公司上班也懒洋洋的，干什么都无精打采，整天长嘘短叹的。显然是忧郁症的早期症状。“怎么变成这副样子了?”这天早晨，大武抱着想辞去公司职务的念头，蹲在卫生间里，像往常一样端详着年历。从头到尾看下来，每个月份该有大事的地方，都用彩笔标着记号，详详细细地记录着12年的计划。退休的日期也在其内，自己的将来统统可以一眼看到底。

大武若有所思，猛地站了起来，嚷道：“原来你就是祸根!”他一把撕下了那张年历。

处世一点通

如果一个人总是盘算和思虑着未来，哪有心思和精力抓住今天，干好今天的事呢？我们每一个人都生活在今天，而不是明天、后天，过去已一去不返，明天尚未可知，过好今天才是最要紧的，也是最现实的。如果一个人处在悔恨过去、忧郁未来的状态下，生活哪有乐趣呢？

疯子和呆子

一个教授到疯人院参观，了解精神病患者的生活状态。一天下来，他觉得这些人疯疯癫癫，行事出人意料，可算大开眼界。想不到准备返回时，他发现自己的车胎被人卸掉了。“一定是那些精神病患者干的!”教授愤愤地想，动手拿备胎准备装上。但没想到的是，卸车胎的人居然将螺丝也都卸掉了。没有螺丝有备胎也装不上去啊！教授一筹莫展。在他着急万分的时候，一个精神病患者蹦蹦跳跳地过来了，嘴里欢乐地唱着不知名的歌曲。他发现了困境中的教授，停下来问发生了什么事。

教授懒得理他，但出于礼貌还是告诉了他。

精神病患者哈哈大笑说：“我有办法!”他从每个轮胎上面卸下一个螺丝，这样就拿到三个螺丝将备胎装了上去。

教授感激之余，大为好奇：“请问你是怎么想到这个办法的?”精神病患者嘻嘻哈哈地笑道：“我是疯子，可我不是呆子啊!”

处世一点通

有些人对某种工作表现了十足的热情，甚至狂热，在别人看来就像“疯子”一样，很不理解，其实不是这么回事。当你讥笑他人是疯子时，他人也许还笑你是呆子呢。其实，为人处世，低调一点，“糊涂”一点，甚至“疯”一点，未尝不是一种理智的境界。

走不近的地平线

宾宾最喜欢的事，就是骑上自行车，在大路上狂奔。这时正是秋天，庄稼收割了，空旷的原野上散落着一些树丛、沟壑和矮屋。差不多一抬头，就能看见远远的地方，天和地是相接的。

狂奔了一会儿，天和地已经不再平行了，它们交叉起来，在交叉处是一道很亮的灰白色的线，有树丛在那里起伏着。

“啊，天到尽头了！”宾宾兴奋地喊。

他使劲地蹬着，拼命地向那树丛奔去。好长时间后，他才赶到树下，但天地依然平行；在远远的地方，又有一片矮屋，天地相接了，又出现了那道很亮的灰色的线。

一个老奶奶迎面走来，迈着小步，却十分有精神。

“老奶奶，你是从天边来的吗？”宾宾问。

“天边？”老奶奶不解。

“就是那一道很亮的灰白色线的地方。去那儿还远吗?”

“哦，你说的是那个地方。孩子，那是永远走不近的地平线啊。”

“地平线是什么?”

“不太清楚，也许是一个问号吧。”

宾宾以为老奶奶是在骗自己，就又对准那一道很亮的灰白色线上的矮屋奔去。然而，他又失败了，矮屋那里天地依旧平行，在远远的地方又出现了那一道地平线。

宾宾一屁股坐在地上，咀嚼着老奶奶的话，想这地平线，真是一个谜呀。正因为是一个谜，他才要去解。他不知道它是为了永远吸引着他以及和他一样感兴趣的人去解吗?

从那之后，宾宾一天天长大了，踏上社会，生命之舟驶进了生活的大海，但他却记住了这个地平线，因而没有在生活中沉沦下去，虽然偶尔会有艰辛和困惑。

处世一点通

地平线，意味着我们的希望。希望是美好的，也充满着诱惑。但希望之路却是漫长的、坎坷的，当我们看到一个希望时，新的希望又在向我们招手，引导我们继续朝新的目标走去。所以，我们要永远高举希望的明灯，只要希望在，我们的奋斗就不会停止，我们的力量和信心就不会枯竭，我们的生命就不会沉沦。

快乐和后悔

从前，有一群牧民正准备安营扎寨的时候，忽然被一束耀眼的光芒所笼罩。他们知道神就要出现了。因此，他们满怀殷切的期盼，恭候着来自上苍的重要旨意。

神终于说话了：“上苍让我转告你们，要沿路多捡一些荧火石，把他们放在你们的马鞑子里。明天晚上，你们会非常快乐，但也会非常懊悔。”说完，神就消失了。

牧民们感到非常失望，因为他们原本期盼神能够给他们带来无尽的财富和健康长寿，但没想到神却吩咐他们去做这件毫无意义的事。但是不管怎样，那毕竟是上苍的旨意，他们虽然有些不满，但是仍旧各自拾了一些荧火石，放在他们的马鞑子里。

就这样，他们又走了一天，当夜幕降临，他们开始安营扎寨时，忽然发现他们昨天放进马鞑子里的每一颗荧火石竟然都变成了钻石。他们高兴极了，同时也懊悔极了，后悔没有捡更多的荧火石。

处世一点通

人往往难克鼠目寸光。许多眼前看似荧火石一样的东西，如：成绩、友谊和时光，因为暂时看不到它们的价值，被我们如敝履般地丢弃了。但是，随着岁月的流逝，忽然有一天，当我们需要它们的时候，它们就变成了钻石，而我们却不得不为以前丢弃它们而懊悔不迭。为此，我们要用心过好每一天，珍视现在所拥有的东西。

把自己看得很轻

在一家医学院实习的杏儿，有四位竞争对手。一个问题一直残酷地摆到她们面前：这所医院最后只能留用一个人。

离实习结束的日子越来越近，五姐妹的较量也越来越激烈，但她们始终相互激励着，相互祝福着。院方为了确定哪一名被留用，进行了一次考核，结果出来了，面对同样出色的五姐妹，院方一时也不知道该如何取舍。

这天，五姐妹都突然接到一个相同的紧急通知，一名孕妇就要生产，需要医生立刻前往她家中救治。五姐妹急匆匆地上了救护车。一名副院长、一名主任医生、五名实习医生、两名护士同时去抢救一名孕妇，如此隆重的阵势让五姐妹都感觉到一种前所未有的紧张。有人悄悄地问院长，是什么样的人物，需要这样兴师动众？院长简单地解释道：“这名产妇的身份和情况都有些特殊，让你们都来，也是不想让你们错过这个机会，你们可都要认真观察学习。”车内一片沉寂。

孕妇家很偏僻，救护车左拐右拐终于到达时，孕妇已经折腾得满头汗水。医护人员七手八脚把孕妇抬上救护车后，发现了一个问题，车上已经人挨人，孕妇的丈夫上不来了。人们知道，孕妇到达医院进行抢救，是不能没有亲属在身边办理一些相关手续的。人们都下意识地看向副院长，副院长低头为孕妇检查着，头都未抬地说道：“快开车！”所有人都怔住了，不知道该如何是好。这时候，杏儿突然跳下了车，示意孕妇的丈夫上车。

救护车风驰电掣地开往医院，等杏儿气喘吁吁赶回医院的时候，已经是半小时后了。在医院门口，她被参加急救的副院长拦住了，副院长问她：“这么难得的学习机会，你为什么跳下了车？”杏儿擦着额头的汗水回答道：“车上有那么多医生、护士，缺少我不会影响抢救的。但没有病人家属，可能会给抢救带来很大影响。”

三天后，院方的留用结果出来了，杏儿成为幸运者。院长说出了理由：“三天前的那一场急救是一场意外的测试。将来无论你们走到哪里，无论从事什么职业，都应该记住一句话，天使能够飞翔，是因为把自己看得很轻。”

处世一点通

“天使能够飞翔，是因为把自己看得很轻。”而生活中却有一些人，为名所累，为利所系，放不下包袱，难以轻装生活，结果在名利面前累得奄奄一息。这样的教训实在太深刻了。而把名利看得很淡的人，就会不计较个人得失，诚诚恳恳地做好自己份内的事，反而会活得轻松，活得有意义。实际上，“把自己看得很轻的人”，生活回报他的并一定很“轻”，有时是沉甸甸的收获。

疑邻盗斧

从前，有一个人丢了一把斧头，到处找不到。于是他想：一定是邻居的儿子偷去了。他就留心观察那青年的神情、态度，果然发觉大为可疑，那人的一言一语、一举一动，都像是偷过斧子的样子。他就断定："准是他偷的！我早就料到他不怀好心！"

第二天，他上山去打柴，忽然在一棵树旁发现了他丢失的斧子。他这才想起，原来前天来砍柴时，忘记把斧子带回去了。他后悔错怪了邻居的儿子。回家后，他再留心观察那人的神情、态度，果然发现毫无可疑之处，那青年的一言一语、一举一动，都不像是偷过斧子的样子了。他说："小小的斧子哪家没有？谁愿意来偷！我早就想过，他决不会干那样的事！"

处世一点通

认识一个人，切忌以自己主观想象作为衡量的标准，主观意识太强，经常会造成偏差。但很多人常凭着主观意识去评价一个人，而不加以客观、公正地看待。感情用事是识人的大忌。对人对事，我们都不要先入为主，带上有色眼镜看人，更不应以小人之心度君子之腹。否则，就会与许多优秀的人失之交臂。

心中的猴子

某村来了一个耍把戏的老人，他点燃了一把火，并且用一根棍子在碗里不停地搅拌，竟然从碗中掉出金块来，老人说这就是炼金术。族长请求老人告诉他们秘诀。老人答应了，说：“不过，在炼金的过程中，千万不可以想树上的猴子，否则就炼不出金块来。”

等老人走了以后，族长就开始炼金，他一直告诉自己，不可想树上的猴子，可是越不愿意想，猴子就越是不断浮现在他的脑海中。他只好交给另一个人，并一再叮咛不可想树上的猴子。就这样，全村的人都试过了，却没有一人能炼出金子，因为树上的猴子，总是会从他们心中跑出来。

处世一点通

所谓的炼金术当然是不存在的，但这件事却揭示了一个道理：每个人心中都会有一些欲望的“猴子”，这些猴子总是在我们的心中作怪，让我们无法逃脱它的诱惑。所以，在人生之路上，我们要尽力驱赶随时跳出来的“猴子”，让自已的欲念越来越少，脚步越来越稳。

做人难

有一个神灵就要投胎转世了。可它不知道，人世间是重男轻女，还是重女轻男呢？如果清楚了，就可以相机行事，免得将来吃亏了。

于是它变成一个爱串门好唠叨的老婆子，溜出地府，来到人间。它选定好一个目标，率先来到村西边的一个正在吃肉喝酒的老光棍家，打算向老光棍讨教。它认为，老光棍无儿无女，总该对儿女有一个公允的评判才是。便恭敬地打招呼道：

“你好。你虽然没儿没女，日子却过得满舒心哩。”

“唉，客人你有所不知，”老光棍闻言长叹一声，放下酒杯，忧伤地说，“吃肉喝酒虽好，可没有儿孙，难免孤单，何况还有一个传宗接代的问题呢！东边的那一家，有儿子有孙子，一家人过得多热闹呀。”

老婆子心想：看来还是生儿子好。说声打扰，就来到村东边，问这里的女主人说：“恭喜你！看你的孙子长得多乖。你这辈子有了儿孙，该满足了吧？”

“满足什么！”女主人流着眼泪说，“我刚才和儿媳妇打了一仗，儿子却向着媳妇。你想，婆媳难处呀，哪个儿媳妇不嫌婆爱母？俗话说得好，娶了媳妇卖了儿呀。村西边那家，只有一个女儿，多体贴她的父母双亲啊。早知如此，还不如养个女儿哩。”

难道是生女儿好吗？老婆子给搅糊涂了。安慰了女主人之后，又来到村西边，问女当家的道：“听说你的女儿很孝顺你，看来还是生女儿好吧？”

“老嫂子，你知其一不知其二，”女当家的像被勾起了伤心往事似地说道，“女儿虽好，毕竟嫁给了别人，连生下孩子都姓别人的姓呀。村南边的一家，有儿有女，那才真叫好哩。”

老婆子怀着迷惑不解的心情来到村南边，向正在带孩子的一个老妇人打躬道：“你好呀！看来你很满意，儿女双全呀。”

带孩子的老妇人愤愤不平地说：“大妹子，你不知道，按理说，我是该满足了。可一儿一女轮班给我管饭，常常为鸡毛蒜皮的小事互相推让，让我好伤心啊。他们各有一个儿子，带这个，那家有意见，带那个，这家有意见，把我夹在中间，气哭了多少回哩！村西边有个老光棍，没儿没女，一人挣钱一人花，他才应该是最快活的人哩。”

这个小鬼听罢，大失所望。看来，在永不知足的人类面前，不管投生男还是投生女都不讨好呀，禁不住仰天长叹起来。正在这时，它发现了一头老黄牛，干完农活之后，睡在地上，反刍着青草，样子十分平静。便走过去，用动物的语言同它交谈起来：

“请问你的儿女呢？”

“不知道上哪儿了，反正它们正在干它们应该干的事情。”

“它们难道不来孝敬你？”

老黄牛哈哈大笑起来：“我自己能吃能干，让它们来干什么？我生下它们，不是为了得到它们的好处，而是让它们继承牛的事业。至于我自己，赤条条来赤条条去，鞠躬尽瘁，死而后已。”

这个小鬼听罢，不由得感慨万千。回到地府后，便向阎王求情：别让我投胎人体，让我做一只动物吧……

处世一点通

一些人整天忧心忡忡，并不是他们的生活如何痛苦，日子如何难过，而是不满足造成的。他们这也想要，那也想捞，什么都想有一点儿；即使什么都有了，仍然觉得缺点儿什么。这样不知足的人，活得很累，活得也不快乐，老像别人欠了他什么似的。说来说去，这是私欲杂念在作怪。这样的人真的应该想想老黄牛，向老黄牛学习。

错失良机

有一个穷人总在想，假如我手头有一万元钱就好了。一天，这个穷人无意中发现了一只跑丢的很可爱的小狗，穷人发现四周没人，便把狗抱回了他住的小屋里，拴了起来。

这只狗的主人是一个大富翁，它丢狗后十分着急，因为这是一只纯正的进口名犬。于是，就在当地电视台发了一则寻狗启事：如有拾到者请速还，付酬金一万元。

第二天，穷人沿街行乞时，看到这则启事，便迫不急待地抱着小狗准备去领那一万元酬金，可当他匆匆忙忙抱着狗又路过贴启事处时，发现启事上的酬金已变成了两万元。原来，大富翁寻狗不着，又电话通知电视台把酬金提高了。

穷人似乎不相信自己的眼睛，向前走的脚步突然间停了下来，想了想又转身将狗抱回了小屋，重新拴了起来。第三天，酬金果然又涨了，第四天又涨了，直到第七天，酬金涨到了让人们都感到惊讶的金额，穷人这才跑回小屋去抱狗。可想不到的是，那只可爱的小狗已被饿死了。

处世一点通

有老话说，“这山望着那山高”，“有肉就不吃豆腐”。人生在世，好多东西并不是我们无缘得到，而是我们的期望太高，当第一目标接近实现时，往往又被第二个更高的目标所诱惑，从而改变了方向。结果，想吃肉，连豆腐都失去了。一位哲人曾说过这样一句话：“人的欲望是座火山，如不控制就会害人伤己。”

殉情的火柴人

一天，一个巫师的徒弟因为玩火而焚毁了堡垒，巫师大为光火，为了惩罚他，就将他变做火柴人，由五支巨大的火柴构成他的头和四肢。

过了大约100年后，火柴人遇上美丽的公主，公主途经森林时，遇到大风雪而迷失了路，幸好火柴人把她救了，带她到山洞避雪。火柴人对公主一见钟情，但公主并不喜欢他。火柴人为博得公主的欢心，知道她感到寒冷，便甘心点燃那对用火柴造的腿来供暖。

腿被烧毁了，但公主还未等到卫士来救自己，她决定利用火柴人的双手再一次取暖，便对火柴人说出绵绵情话，希望他焚烧他的双手，为爱情再牺牲一些。公主奸计得逞，火柴人只剩下头和身子。

不过，外表美丽内心自私的公主，却未受感化，仍然想继续得到温暖，她要求火柴人献出剩余的一支火柴，亦即头和身子，火柴人知道这样做会让生命终结，但他仍然愿意为公主做一切的事，只要公主感到快乐。

“嚓”的一声，火柴人把头燃着了，他对公主说道：“既然命运把我变成火柴人，我宁愿为爱情轰轰烈烈地自焚，直至死亡，总比再闷活多100年有意思，虽然，我知道你在利用我对你的爱，但我甘心被你利用。”

最后公主真的被感动了。因为公主身边没有水源，她想用泪水熄灭火柴人身上的猛火，但她一向铁心得连眼泪也不流，已经忘记了怎样哭，到第一滴眼泪流出来时，火柴人已经变成一堆黑炭。

而巫师却在讥笑火柴人的冲动，原来，火柴人身上的咒语只有效一个世纪，如果……，他便可以多等一天，变回真人……

处世一点通

未来是遥不可知的事情，谁也说不清、道不明；只有实实在在地过好现在，才是最真实的，最有意义的。如果我们能清晰地预知将来，谁还愿意付出现在的“牺牲”？恐怕都会认为现在做的太不值了！有个笑话讲道：一个人吃了两个馒头，未饱，再吃半个，饱了，于是，他感叹说：“早知这半个馒头能让我饱，我就不吃那两个了。”所以，还是做一个“火柴人”吧，只有自己付出了真情，哪管结果会怎么呢？

4. 说声“没事儿”，将不快一扫而光

豁达大度的人，心底无私，心灵纯净，心胸宽广。他们不计前嫌，不计名利，心态坦然。面对困境和不快，他们依然能保持积极向上的乐观态度，能够以仁爱者的宽广胸怀来承受生活的压力；他们站得高看得远，知识渊博，才华横溢，不在乎小枝小叶；他们认为人生是一次体验，以乐观的态度通过改变自己的生存状态，调节自己的心理感受，维护心灵的最佳状态。这样的人，无疑是我们学习的榜样。

因为溅了污水

上班的第一天，天公不作美，下起了毛毛雨。向流军打扮好后就早早出了家门，他举起雨伞，小心地行走着。当他走到公司跟前时，一个意外发生了：一辆汽车从向流军身边呼啸而过，将几滴污水溅到他的西裤上。他用卫生纸擦了几下，依然有脏痕。他叹了口气，只好心情郁闷地走进公司大门。

他边走边想，新同事见了他一定会说：“瞧，那家伙第一次上班就这样邋遢！”老板会把他看作是一个不注重细节的人，女孩也会给他下个不修边幅的结论，偷偷笑他……他越想越烦心，越想越担心。

结果，他这一天的工作简直是糟糕透了，他躲着同事，心烦意乱地工作着，不是碰翻了老板的盆栽，就是拿错了同事的文件，还弄坏了公司的饮水机……回到家里，他咬咬牙，狠狠地扔掉了裤子，觉得都是它惹的祸。

处世一点通

在我们的生活中，是不是也像向流军一样，动不动就为一些鸡毛蒜皮的小事而动怒？例如，被人碰了一下，书本掉在了地上，挨了别人的白眼……要知道，整日为小事而闷闷不乐，就会影响自己的身心健康。英国著名作家迪斯累利指出："为小事而生气的人，生命是短暂的。"

管仲相齐

春秋时，齐国的襄公被杀后，他的两个公子小白和公子纠为争夺王位而相互倾轧，鲍叔牙助小白，管仲助纠。双方在交战中，管仲曾用箭射中了小白衣带上的钩子，小白险些丧命。后来小白做了齐国国君，即为齐桓公。

齐桓公执政后，任命鲍叔牙为相国。可鲍叔牙有知人之明，坚持把管仲推荐给桓公。他说："只有管仲能担任相国要职，我有五个方面比不上管仲：宽惠安民，让百姓听从君命，我不如他；治理国家，确保国家的根本权益，我不如他；讲究忠信，团结好百姓，我赶不上他；制作礼仪，使四方都来效法，我不如他；指挥战争，使百姓更加勇敢，我不如他。"

齐桓公也是宽容大度的人，不记射钩私仇，采纳了鲍叔牙的建议，重用管仲，任命他为相国。管仲担任相国后，协助桓公在经济、内政、军事方面进行改革，数年之间，齐转弱为强，成为春秋前期中原经济最发达的强国，齐桓公也成就了"九合诸侯，一匡天下"的霸业。

处世一点通

为了更大的利益，不计前嫌，不计一时之得失，这才是君子风范，才是明智之举。在生活中，我们也需要做一个心胸大度的人，例如，一位同学曾伤害过你，只要两人重归于好，大可不必计较过去；别人的能力比自己强，完全可以推荐人家做优秀学生，这样反而有利于自己的成长。

南方的鸟

《庄子》里讲过这样一个故事：战国时，惠施在魏国当相国，庄周跑去要与他会面。惠施听人说，庄周这次来魏国的目的，是想取他的相国之位，所以十分紧张，命令官兵在都城搜捕，搜了三天三夜，也没能抓到庄周。正当惠施坐立不安又无可奈何时，庄周却自己找上门来了。庄周给他讲了一个故事——

南方有一种鸟，从南海出发，飞到了北海。不是梧桐树它不会栖身，不是仙果它不会吃，不是清洌的甘泉它不会喝。猫头鹰弄到了一只死了好几天、身体都腐朽了的老鼠，正巧该鸟飞过，猫头鹰抬头看见了，以为这只鸟想吃它的老鼠，于是发出惊叫："吓!"现在，你难道也要用魏国来"吓"我吗？

处世一点通

惠施的错误，就在于“以小人之心度君子之腹”。在我们身边，这样的人大有人在。有的人害怕有才能的人来到自己身边，使自己的地位保不住，被取而代之，于是想方设法去排挤；有的人自己心灵肮脏，便也认为他人也与自己的想法一样。面对别人比自己强的局面，最好的方法不是处心积虑地去压制对方，而是要想方设法学习对方的长处，为我所用。能把别人优点变成自己优点的人，才能无往而不胜。

感受不同

有两个妇女在聊天，一个问道：“你儿子还好吧？”

“别提了，真是不幸哦！”这个妇女叹息道，“他实在够可怜，娶个媳妇懒得要命，不烧饭，不扫地，不洗衣服，不带孩子，整天就是睡觉，我儿子还要端早餐到她的床上呢！”

“那女儿呢，也这么辛苦吗？”

“不，那她可就好命了。”妇女满脸笑容，“她嫁了一个不错的丈夫，不让她做家事，全部都由先生一手包办，煮饭，洗衣，扫地，带孩子，而且每天早上还端早点到床上给她吃呢！”

处世一点通

那位妇女，因为自己的好恶，在同样的状况下，就产生了不同的心态和看法。所以，我们要汲取教训，要站在别人的立场看一看，或换个角度想一想，很多事就不一样了。因此，我们要学会换位思考，学会包容，学会博爱。不以自己之爱而爱人，也不以自己之恶而恶人。

不杀受伤的人

从前，法轮国和法目国发生战争，一场激烈的战役下来，法轮国打了胜仗。一个法轮国士兵坐下来，正准备取出壶中的水解渴，突然听到哀嚎的声音，原来在不远处躺着一个受了重伤的法目国人，正双眼看着他的水壶。

“你比我更需要水。”法轮国士兵走过去，将水壶送到伤者的口中，但是法目国人竟然伸出长矛刺向他，幸好偏了一点，只伤到他的手臂。

“嗨！你竟然如此回报我。”法轮国士兵说，“我原来要把整壶水给你喝，现在只能给你一半了。”

这件事后来被国王知道了，特别召见了这个法轮国士兵，问他为什么不把那个忘恩负义的家伙杀掉。他轻松地答道：“我不想杀受伤的人。”

处世一点通

有的人或许有宽恕之心，但宽恕的对象只限于那些小过失、小伤害；而对那些大的伤害，例如遇到别人忘恩负义、反戈一击时，却耿耿于怀，不依不饶。所以，真正的宽恕是不容易的，是需要大气度、大胸怀的。像许多文艺作品中所表现的对杀亲之仇的宽恕、对土匪恶霸的饶恕等，确实需要非凡的魄力和济世的胸怀。因为对这些人的宽恕，就意味着给了他们悔过自新、重新做人的机会。所以，饶恕是一种伟大的情操。

不是冬桃的错

一个学生向老师抱怨说，班里有个同学真讨厌，总喜欢跟他比，影响了他的学习。

老师问这个学生："你喜欢吃冬桃吗?"

学生愕然，但还是回答说："不喜欢，但喜欢吃雪梨。"

"你真的不喜欢吃冬桃吗?"

"对!"

"那，有没有人喜欢吃冬桃?"

"当然有喽!"

"你不喜欢吃冬桃，难道是冬桃的错吗?"

学生笑笑，道："当然不是！"

"你刚才说，你喜欢吃雪梨？"

"对！"

"如果你的朋友来了，你会请他吃雪梨吗？"

"会啊！"

"你怎么知道他也爱吃雪梨呢？"

"这好办，问问他呗。"

老师点点头："那还好。有的人就不这样，觉得自己喜欢别人也喜欢；自己不喜欢别人也不喜欢。"

这个学生也点了点头，说："我明白了，老师。"

处世一点通

我们要学会换位思考。别人做的事也许不适合你的想法，别人的行为也许有些不符合常理的地方。但要学会站在对方的立场上去思考问题，这样，或许就可以理解了。特别是，我们不能以自己的好恶取人，喜欢谁就觉得他了不起，不喜欢谁就说人家一无是处。这样的结果，就难免结交到不好的朋友，错过了真正的友谊。

大师的回答

有一位武术大师上场前，他的徒弟告诉他鞋带松了。大师点头致谢，蹲下来仔细系好。等到徒弟转身后，又蹲下来将鞋带解松。

有个旁观者看到了这一切，不解地问："大师，您为什么又要将鞋带解松呢？"

大师回答道："因为我饰演的是一位劳累的旅者，长途跋涉让他的鞋带松开，可以通过这个细节表现他的劳累憔悴。"

"那你为什么不直接告诉你的徒弟呢？"这个人问。

"他能细心地发现我的鞋带松了，并且热心地告诉我，我一定要保护他这种热情的积极性，及时地给他鼓励。至于为什么没告诉他将鞋带解开的理由，是因为将来会有更多的机会教他表演，可以下一次再说啊。"

处世一点通

武术大师的可贵之处，就在于他善于保护徒弟的积极性。徒弟给他提出了意见，虽然意见不是正确的，但为了保护好徒弟的这份积极性，大师暂时接受了徒弟的意见。试想，如果当时把真相告诉徒弟，就等于对徒弟说：你的意见是不正确的，是可笑的。那么，受到打击的徒弟，今后就可能不会积极地向大师提出自己的见解，甚至产生出退缩不前的自卑心理，这将对徒弟产生多么大的负面影响啊。

生意不成情义在

李嘉诚在接受香港东风卫视采访时，谈到了自己的一段经历：他是很早偷渡到香港去投奔舅舅的。当时，他还很年轻，在舅舅那里干推销员，推销领带、鞋油等小商品。积累了一定资金后，李嘉诚买了两台注塑机，用作坊式手段生产塑料花。当时，香港的手工业已很发达，生产的手工产品全部销往海外。

一天，李嘉诚接到一个美商订单，订货数量较大，成交后能赚不少钱。可就在他完成订单后，美商却不要了。因为美商的下一家合作方突然变了卦，所以他也只好解除这个订单。违约是要赔偿损失的，这在法律健全的西方国家，是人人都懂得的道理，也会自觉地按这个规定办事。于是，美商抱着试探的态度问李嘉诚需要多少赔偿金。李嘉诚却说："生意场上的事，变幻莫测，发生这件事也很自然。虽然你不要这批产品了，但我这批产品还未受到损失，还可以转卖其他人，比如欧州也很需要这种产品。所以就不必赔偿了。中国有句话：生意不成情意还在嘛。"美商千恩万谢而去。时间久了，这件事李嘉诚也慢慢淡忘了。谁知两年后，从美国来了另一个商人，专找李嘉诚，要买他的塑料花，数量可观，价格也公道，一下子赚了一大笔。李嘉诚问这个美国人："先生为什么专门要我的产品?"对方回答："我有一个生意朋友，经常谈到你，说你这个人不错，可以打交道，所以就找你来了。"李嘉诚这才明白是怎么回事。

处世一点通

李嘉诚待人宽厚大度，实实在在，他理解别人的难处，不乘人之危，不乘机捞一把。这样的态度，有时难免让自己"吃亏"，但从长远来看，你的大度，你的胸怀体现了你的为人，那则是一张无价的名片，让你在关键的时候派上用场，给你莫大的帮助。

待人以厚

二战后，日本手工业很发达，而汽车运输则滞后，所以出现了许多靠出卖苦力谋生的挑夫。祖川就是一个挑夫，进城替人挑东西，把东西从这个地方挑到另一个地方。后来工业发展了，运输业仍很欠缺。祖川就从家乡招募了24个小伙子到东京，专门替人挑货，自当老板，生意越做越大。有钱后，祖川就成立了一个公司，专搞运输。日本的岛屿很多，货物从一个岛屿运到另一个岛屿，就得靠船只。

有一次，祖川用船给客户运货，突然起了风浪，船被掀翻，船里的货物全部掉进了水里，损失惨重，自己的积蓄几乎全赔给了客户。事后，祖川取下剩余的钱，把24个小伙子叫到跟前，沉痛地说："你们跟着我，吃了许多苦，都很不容易。这次事故的负责在我，所以我把剩下的钱取出来分给你们，以感谢你们对我的信任。你们回去自己想自己的办法去吧。"大伙儿说："老板，你该给我们的钱已经都给了，这钱我们不能要，还是你留着再创业用吧。"祖川说："你们回家去，要坐车，要乘船，要吃饭，得花许多钱的，还是大家分了吧。"大家深受感动，放声恸哭，场面十分感人。临行，大家都说："老板，以后用得着我们，我们还要给你干。"

第二年，祖川东山再起，他回去打了个招呼，那24个人全来了。对于工钱，他们说："老板，你看着给就行。"

处世一点通

待人厚道，就是将心比心，处处替人着想，宁愿自己吃亏，也不亏待别他人。这样的气魄，这样的胸怀，这样的度量，这样的心地，决不是人人都有的。但这并不是说，这样做一定会吃亏，其实，待人以厚、真诚做人对我们的成长和将来成就事业是非常重要的。

向伤害表示感谢

罗纳是德国人，他在维也纳当了很多年律师，声望很高。但二战后，他逃到瑞典却为找工作发愁。因为他学过好几国语言，他给许多公司写信联系，希望找份秘书工作，但他们都说，不需要人。有一家公司的老板给他写了一封信，却是在嘲笑他："我根本不需要任何替我写信的秘书，即使需要也不要你，因为你连瑞典文字也写不好，信里全是错字。"

罗纳看到信后，气得发疯，就想回一封信，对那个人大发脾气，好好回击一番。但写着写着就停下来了，自言自语道："这个人说的并不错呀。我虽然学过瑞典文，但这并不是我家乡的语言，也许我确实犯了很多我并不知道的错误。如果真是这样的话，我还得抓紧学习。他的话虽然不好听，但他提醒了我。我应该写信向他表示感谢才对。"

想到这里，罗纳撕掉了骂人的信，改写了一封感谢信："我并不知道我的信上有很多错字，我觉得很惭愧，也很难过。我打算更努力地去学习瑞典文，以改正我的错误。谢谢你帮助我走上了改正之路。"

没过几天，罗纳就收到了那个人的信并邀请罗纳去看他。随后，他得到了一份工作。罗纳对人说："宽容温和的回答也能带来好运。"

处世一点通

对某种伤害表示感谢，体现了一个人心胸宽广。面对伤害不以牙还牙、以眼还眼，记住他人的好处，忘记他人的过失，用温和的态度为人处世，这也是一种崇高的境界。在日常生活和学习中，我们不妨想一想，当我们在受到他人宽厚对待时，心情会是怎样？是不是心存感激和报答之心？同样，当我们同样待人以宽厚时，是否已经得到他人的回报？

亲切的微笑

西班牙内战时，一个军官被俘。在即将被处死的前夜，他想了许多。他想起了自己的家乡和亲人，一股求生的欲望充斥了全身。他想：此时此刻，能救他出去的，恐怕只有看守了。于是，他掏出仅有的半截香烟，向看守讨火。在他再三请求之下，看守总算毫无表情地掏出火柴，划着了火。当四目相对时，这位军官向士兵送上了亲切的微笑。

那士兵在几秒钟的发愣后，嘴角也不太自然地向上翘了翘，最后竟也露出了微笑。后来两人开始交谈，谈到了各自的故乡，各自的妻子……最后，那士兵竟然真的动了感情，并悄悄放了他。

处世一点通

同情心也是一种美德。面对他人的危难，面对对手的困境，只要能放人一马，就应尽量伸出援手。不依不饶不是好事，斩尽杀绝更不是好事。实际上，人与人之间是可以交流的，只要付出诚心，双方都可以找到共同点。

不要让小事损害青春

童玲是一位成功的女性，拥有一家公司，生意蒸蒸日上。虽然她年过四十，即使不化妆也显得非常年轻。做生意时，客户都觉得和她合作很愉快。同龄的女客户好奇地问她："你是怎样保持青春的?"

童玲回答："我也说不清，大概是因为我从不发愁吧！但年轻的时候，我常常为鸡毛蒜皮的小事而愁得不行，直到我男友出了意外，我才改变了许多。

"我男友是一位成功的企业家，很年轻时就是一个大老板了。他去世前几天，正为公司少了一笔十万元的账烦心，他一向不爱看账本，那个月他忽然把会计账本拿出来看，会计是他的合伙人，因为这一笔账去向不明，他开始怀疑两个人多年来的合作。此后，他开始睡不着觉，睡不着就开始喝酒，喝酒后就变得烦躁，越烦躁越喝酒，甚至根本听不进我的劝告。有一天晚上，他离开我独自一人去应酬，很晚才开车回家，就在回家的路上，他不幸发生了车祸……我在处理他的后事时发现，他的合伙人只不过把这个公司的十万元挪到那个公司用，不久又挪回来了。没想到男友为了这笔钱，竟苦闷了那么久，以致……

“从男友身上，我得到了这一教训，决心不再制造烦恼，也不再自找麻烦，而以最单纯的生活态度去应付任何事情。我想，这也许就是我没长皱纹的原因吧！”

处世一点通

从童玲的男友到童玲，两个人的正反经历可以让人感悟到：一个人总在为不可能发生的事，或不足挂齿的小事而烦心，日积月累，就会对别人一个无意的眼神、一句无心的话，都犯疑心病，仿佛在努力地防卫病毒入侵，从而导致自己闷闷不乐，那样留给自己的恐怕只有脸上的皱纹和头上的白发了。所以，遇到不快，我们要大度一些、想开一些，一切都会过去的。

按兵不动

公元234年，诸葛亮第六次北上伐魏。他亲率三十万大军，一千只运粮木牛流马，经剑阁，直抵祁山大本营。魏国皇帝曹睿派大将司马懿率领军队，日夜兼程，赶到渭河，屯兵南岸，背水为营，阻挡蜀军。他早料到诸葛亮用兵谨慎，会以五丈原为依托，稳扎稳打。眼下只要坚守，疲劳蜀军，拖延时间，蜀军必败。于是在渭南寨内坚守不出，任诸葛亮多次挑战，全不理会。

一日，诸葛亮派使者将一只装满女人衣物的大箱子送到司马懿账前，道："将军甘心窟守土巢，和女人的行为又有什么两样?"司马懿大怒，正待发作，转念一想：这岂不是诸葛亮的激将法吗？于是立即压下怒气，欣然接受了东西，还笑问使者："丞相起居如何?"使者答："丞相日理万机，夜不能寝，饭量却不行。"

魏军将领听说诸葛亮送来女人衣物以示侮辱，个个摩拳擦掌，十分愤怒，向司马懿请战。司马懿说："天子命我坚守不出，如果诸位定要出兵，待我上奏。"众将领只好同意。使者回到蜀寨，将司马懿上奏朝廷请战一事禀报诸葛亮。

诸葛亮正在病中，长叹一声道："这是司马懿用的假痴不癫计，他是假装不能做主，其实是在拖延时间，疲劳我军。"魏蜀两军相持百余日，仍难分胜负。

处世一点通

学会豁达大度，必须做到"三容一严"。就是要能容言、容事、容人，同时要严以律己。这里需要澄清的是，宽容不是懦弱，宽容的人和懦弱的人通常都是骂不还口、打不还手，一忍再忍，但二者很不相同。懦弱的人往往胆小怕事，对人唯唯喏喏，是由于自以为本身无力而又怕受人欺；而宽容的人则是具有宽广胸怀的人，通常他们有自信心，有坚定意志，有远大目标和理想，为人开朗、豁达，他们不是没有力量反击，而是愿意主动地容忍他人。

自己决定自己

著名专栏作家哈理斯和朋友在报摊上买报纸，那朋友礼貌地对报贩说了声“谢谢”，但报贩却毫无表情，一言不发。

“这家伙态度很差，是不是？”他们继续前行时，哈理斯问道。

“他每天晚上都是这样的。”朋友说。

“那么你为什么还是对他那么客气？”哈理斯问他。

朋友答道：“为什么我要让他决定我的行为？”

处世一点通

在生活中，常见有人抱着“以眼还眼，以牙还牙”的态度，对别人的不当行为进行还击，口口声声说：“他对我这样，我也要对他这样。”其实，生活中还有另外一个常用语：“何必跟××一般见识呢？”我们大可不必用别人的过错来惩罚自己，把自己降格到与对方一样的水平。别人怎么做是别人的事，我们必须坚持我们的原则。

5. 交换能力，合作使我们双赢

每个人的能力是有限的。即使一个人精力无限充沛，也不可能做好所有的事情。所以，要想做好一件事，除了自己的努力外，还要依靠其他人。一位哲人说过，你手上有一个苹果，我手上也有一个苹果，两个苹果交换后每个人还是一个苹果；如果你有一种能力，我也有一种能力，两种能力交换后就不再是一种能力了。

天堂和地狱

有个记者办了个护照，去天堂采访，考察天堂的人是如何生活的。去时，正赶上人们在吃午饭，六个人一组，围在一口大锅周围。奇怪的是，他们使用的勺子柄太长，大约一米，一个人掌勺，根本没法把舀来的饭菜送到自己的嘴里。但天堂里的人具有团队精神，他们将自己亲手舀来的饭菜送到对座的嘴里，双方彼此喂食，这样就解决了吃饭的问题。

记者见此，颔首微笑，颇受感动。接着，他又申请去地狱采访。刚下地狱时，正好也赶上人们吃午饭。同样的大锅，同样的勺子，但地狱的人自私自利，不懂团队合作，只顾往自己嘴里送食，结果没有一个人吃得上饭，个个饿得皮包骨头。

处世一点通

我们和同学在一起，就形成了一个班集体。在一个小集体中，只有相互帮助和协作，才能共同完成一个难度较大的工作。如果仍然自行其是，各拿各的号、各吹各的调，势必干不成大事。比如，我们打篮球时，只有每一队的成员相互配合才能取得胜利。所以，我们在生活中，要注意发扬集体主义精神，依靠团队的力量，相互配合，相互支持，克服自私自利的思想，去共同完成一项任务。

难以相处的张乐

张乐以良好的成绩升入一所寄宿制初中，谁知，开学才一个多月，张乐却告诉家长："我宁可转校，也不再住宿了！"问他原因，张乐却闭口不言。经过到校了解，家长才基本弄清情况。

原来，张乐的学习不成问题，就是平时有点争强好胜，凡事都要争第一。这本来没什么不对，可争过了头，就有点问题了。有一次，班里派张乐和另一名女生参加年级的英语口语比赛，获得了第二名，可奖状只有一张，回来的路上，为了奖状放在谁那儿，两人各不相让，结果张乐一把将奖状撕了，说是谁也别想要了。在生活上，张乐也表现得很有"个性"，凡事不会替别人着想。6 人一间的学生公寓，每套房间带有卫生间和洗漱室，每晚 60 分钟洗漱时间，大家抓紧些是足够的，别人都是洗脸、刷牙后接一盆热水出来洗脚，可张乐一进去就得在里面呆上半小时，全然不管后面还有同学等着洗漱，结果经常有同学到老师那里去告状。

处世一点通

有些孩子学习较好，从小就备受家长和老师的喜爱，于是就养成了说一不二的个性，凡事以我为中心，缺乏平等互助的团队精神和合作意识。显然，这样的心态必须及时矫正。否则，长大以后，就难以与人和谐相处，就难以获得各种机会，以致于一事无成。

三个幸运者

一家大公司招聘高层管理人员，九名优秀应聘者经过面试，从上百人中脱颖而出，闯进了由公司老板亲自把关的复试。

老总看过这九个人的详细资料和初试成绩后，相当满意，但此次招聘只能录取三个人，于是老总给大家出了最后一道题。老总把这九个人随机分成甲、乙、丙三组，指定甲组的三个人去调查婴儿用品市场，乙组的三个人去调查妇女用品市场，丙组的三个人去调查老年人用品市场。临走的时候，老总还让九个人分别到秘书那里取一份相关行业的资料。

三天后，九个人都把自己的市场分析报告递到了老总那里。老总看完后，站起身来，走向丙组的三个人，与他们一一握手，并祝贺道："恭喜三位，你们已经被录取了！"随后，老总看着大家疑惑的表情，哈哈大笑说："请大家找出我叫秘书给你们的资料，互相看看。"

原来，每个人得到的资料都不一样，甲组的三个人得到的分别是本市婴儿用品市场过去、现在和将来的分析，其他两组的也类似。老总说："丙组的人很聪明，互相借用了对方的资料，补齐了自己的分析报告。而甲、乙两组的人却分别行事，抛开队友，自己做自己的，形成的市场分析报告自然不够全面。其实我出这样一个题目，主要目的是考察一下大家的团队合作意识，看看大家是否善于在工作中合作。要知道，团队合作精神才是现代企业成功的保障！"

处世一点通

有些人之所以杰出、之所以成就卓越，是因为他们有着出色的合作意识和调动他人合作的能力。诸葛亮和周瑜都是三国时期赫赫有名的人物，如果他们不实现合作，那么赤壁之战就不可能战胜曹操；抗日战争，乃至整个第二次世界大战中，如果没有同盟国的精诚合作，就很难取得反击法西斯战争的胜利。小而言之，一个小组打扫卫生，如果几位同学不合作的话，恐怕难以在短时间内完成。

蜕化的玉米

有一个不甘安于现状的农民，对自己的玉米收成很不满意，于是四下打听，买来优质的玉米种子，果然大获丰收。

他的邻居在惊羡之余，都请求他能卖些新种子给他们，可是，这个农民为保全自己的优势，断然拒绝了。

不知为什么，从第二年开始，玉米的收成差了，到了第三年，产量更是明显减少了。最后，农民终于找出了原因：原来他的优质玉米，接受的却是邻居田中劣等玉米的花粉。

处世一点通

一花独放不是春，百花齐放春满园。一个人只想着自己成功，而害怕周围人成功，这种心态是消极的。试想，一棵生长在贫瘠土地上的大树，怎么能茁壮成长？一支盛开在沙漠里的鲜花，又怎么能长久？所以，我们不要害怕别人比自己强，只有在竞争的环境中才能实现共同繁荣，只有大家都成功了，才是真正的成功。

鱼竿和鱼

这是一个流传已久的故事——

一次，菩萨恩赐给两个饥民一根鱼竿和一篓鲜活硕大的鱼，让他们挑选。其中，一个人要了那篓鱼，另一个人要了那根鱼竿，于是他们分道扬镳了。得到鱼的人原地就用干柴搭起篝火煮起了鱼，他狼吞虎咽，还没有品出鲜鱼的肉香，转瞬间，被连鱼带汤就吃了个精光，不久，他便饿死在空空的鱼篓旁。另一个人则提着鱼竿继续忍饥挨饿，一步步艰难地向海边走去，可当他已经看到不远处那片蔚蓝色的海洋时，他浑身的最后一点力气也使完了，他也只能眼巴巴地带着无尽的遗憾撒手人间。

不久，菩萨又恩赐另两个饥民，同样是一根鱼竿和一篓鱼，任他们选择。但这两个人并没有各奔东西，而是商定共同去找寻大海，他俩每次只煮一条鱼，他们经过遥远的跋涉，来到了海边，从此，两人开始了捕鱼为生的日子。几年后，他们盖起了房子，有了各自的家庭、子女，有了自己建造的渔船，过上了幸福富足的日子。

处世一点通

这是一个哲理故事，至少给我们两点启示：其一，一个人只顾眼前的利益，得到的终将是有限的和短暂的东西，一个人目标再远大，也要脚步踏地地从眼前开始，只有把理想和现实有机结合起来，才有可能实现自己的人生理想。其二，合作和分享是成功的重要因素，会合作的人，可以互利双赢；不会合作的人，只凭一个人的力量，最终会像沙漠上的细流一样，力量慢慢被耗尽，直至消亡。

阳光和烛火

心诚大师刚剃度的时候，在文殊寺修行。文殊寺是个香火鼎盛、香客不断的名寺，每天晨钟暮鼓，香客如流。心诚想静下心神，潜心修身，但文殊寺法事应酬太繁，自己虽青灯黄卷苦苦习经多年，但谈经论道起来，自己远不如寺里的许多僧人。有人对心诚说："文殊寺是个名满天下的名寺，水深龙多，纳集天下的许多名僧，你若想在僧侣中出人头地，不如到一些偏僻小寺中阅经读卷，这样，你的才华便会很快光芒毕露。"

心诚自忖良久，觉得这话很对，便决意辞别师父，离开这喧喧嚷嚷、高僧济济的文殊寺，寻一个偏僻冷落的深山小寺去。于是，心诚就打点了经卷、包裹，去向住持辞行。

住持明白心诚的意图，问他："烛火和太阳哪个更亮呢？"

心诚说："当然是太阳。"

住持说："你愿做烛火还是太阳呢？"

心诚不假思索地回答道："我当然愿做太阳。"

住持微微一笑说："我们到寺后的林子去走走吧。"

文殊寺后是一片郁郁葱葱的松林。住持将心诚带到不远处的一个山头上，这座山头上树木稀疏，只有一些灌木和零星的三两棵松树。住持指着其中最高大的一棵说："这棵树是这里最大最高的，可它能做什么呢？"

心诚围着树看了看，这棵松树乱枝纵横，树干又短又扭曲，便说："它只能做煮粥的劈柴。"

住持又信步带心诚到那一片郁郁葱葱、密密匝匝的林子中去，林子遮天蔽日，棵棵松树秀丽挺拔。住持问道：“为什么这里的松树每一棵都这么修长、挺直呢?”

心诚说：“都是为了争着承接天上的阳光吧。”

住持郑重地说：“这些树就像芸芸众生啊，它们长在一起，就是一个群体，为了一缕的阳光，为了一滴的雨露，它们都奋力向上生长，于是它们棵棵可能成为栋梁。而那远离群体零零星星的三两棵，一团一团的阳光是它们的，许许多多多的雨露是它们的，在灌木中它们鹤立鸡群。没有树和它们竞争，所以，它们就成了薪柴啊。”

心诚听了，思索了一会儿，惭愧地说：“文殊寺就是这一片莽莽苍苍的大林子，而山野小寺就是那棵远离树林的树了。住持，我不会再离开文殊寺了!”

在文殊寺这片森林里，心诚苦心潜修，后来，终于成为一代名僧。

处世一点通

青蛙只能在水井里称王，猴子只能在山洞里称王，而老虎，经过森林里的一番角逐，它胜出了，便是名副其实的大王，可以傲视天下野兽！一个人单打独斗，没有敌人，没有竞争，没有压力，便容易止步不前，成不了大气候；只有融于集体之中，与大家共同竞争，接受“物竞天择、适者生存”的考验，才会长才干、长智慧，才有独占鳌头的希望。

学会付出

苦行在沙漠行走了两天。途中遇到暴风沙，一阵狂沙吹过之后，他已认不得正确的方向。正当快撑不住时，突然，他发现了一幢废弃的小屋。他拖着疲惫的身子走进了屋内。这是一间不通风的小屋子，里面堆了一些枯朽的木材。他几近绝望地走到屋角，却意外地发现了一台抽水机。

苦行兴奋地上前汲水，却任凭他怎么抽水，也抽不出半滴来。他颓然地坐到地上，却看见抽水机旁，有一个用软木塞堵住瓶口的小瓶子，瓶上贴了一张泛黄的纸条，纸条上写着："你必须将水灌入抽水机才能引水！不要忘了，在你离开前，请再将水装满！"他拔开瓶塞，发现瓶子里果然装满了水！

苦行的内心，此时开始斗争着——

如果自私点，只要将瓶子里的水喝掉，他就不会渴死，就能活着走出这间屋子！

如果照纸条做，把瓶子里唯一的水倒入抽水机内，万一抽不出水，他就会渴死在这地方了——到底要不要冒险？

最后，他决定把瓶子里唯一的水全部灌入看起来破旧不堪的抽水机里，以颤抖的手汲水，水真的大量涌了出来！

苦行将水喝足后，把瓶子装满水，用软木塞封好，然后在原来那张纸条后面，再加他自己的话："在取得之前，要先学会付出。"

处世一点通

“在取得之前，要学会付出。”也就是说，当我们想得到什么——成就、财富、情感、友谊等——的时候，我们首先要想到的是如何先付出，相信有付出才有回报。与人合作讲究双赢，而不是图占便宜；而要双赢，最好的办法就是先予后取。世上没有“天上掉馅饼”的好事。有人只想得到什么，从来不考虑付出什么，这是一种自私自利的行为，其行为不啻于是掠夺！而实际上，不想付出的人，也难以得到什么；即使暂得到了，也必然会付出代价。

猫和老鼠结盟

猫、老鼠、猫头鹰和黄鼠狼时常在一棵野生的老松树的枯树洞里出没。一天傍晚，有人在枯树洞周围布下了一只网。猫一大早外出觅食，黎明前的黑暗使它没看清布下的罗网，它掉进网中，面临着死亡的威胁。猫吓得立刻大喊“救命”，老鼠随即跑了过来。一个在网里绝望挣扎，而另一个却在网外幸灾乐祸，老鼠看到它的天敌身陷罗网别提多么高兴。这时可怜的猫开口说道：“亲爱的朋友，你对我无微不至的关照，世人皆知，你赶紧帮我从这个网里逃出来吧。老天做证，在整个鼠类中我特别喜欢你，对你情有独钟，爱护你就像爱护我的眼睛一样。我被这网困在里面，我的命就在你的手里，求你替我咬断这网结吧。”

“那我会有什么好处呢？”老鼠问道。

猫马上回答：“我发誓，我将永远是你的朋友，你可以随便指使我。你放心好了，我不会理睬世俗的眼光，我要坚决保护你，我会为你而去消灭黄鼠狼和猫头鹰，因为它俩都与你有怨恨。”

老鼠听罢，说：“傻瓜！我怎么能解救你？我还没有傻到这个程度！”说罢，扭头就向自己家走去。这时，老鼠发现黄鼠狼呆在树洞附近，于是只得往树上爬，爬到高处又见到了猫头鹰，真是危机四伏啊。逃命要紧吧，不得已，老鼠只得回到猫这里来，帮助猫摆脱困境。它咬断了一个网扣，接着又一个个地咬断网扣，终于将那只伪善的猫解救出来。就在这时，下网的人来了，这两个因各自的利益新结的盟友飞也似地逃走了。待喘息稍平，猫发现老鼠——这个新盟友在远远地注视着自己，百倍警惕地提防着自己。

“啊，哥们，”猫说，“让我们拥抱吧！你警惕的神情伤透了我的心，你这是认友为敌。难道我会忘记，是你使我获得了新生？”

“但是，”老鼠接着话茬说，“我不会忘记你的秉性，没有任何的承诺能使一只猫受到约束。在危急的情况下缔结的联盟，谁又会相信它的可靠性呢？”

处世一点通

朋友应该是理想和志趣的同道人。在危急时刻，与对手化敌为友，共同对付共同的敌人，以图共赢，这是制胜的法宝，是智慧的体现。但是，一旦共同的危险不存在了，朋友也就可能不再是朋友，甚至重新回到对立的状况。古今中外的历史上，这样的例子非常多。西方外交界有句名言：没有永久的朋友，只有永久的利益。这正好验证了这个道理。所以，我们在与人合作做事时，要依据时势变化，确定彼此关系，千万不可头脑简单。

6. 沟通心灵，将天堑化为通途

所谓沟通，就是与谈话对象平等交流，达到相互传递信息、交换观点和取得一致意见的语言交际过程。沟通是一项重要的生活能力，也是一项重要的处世技巧。人与人从陌生到熟识，一件事从棘手到迎刃而解，都是沟通的结果。但沟通不是强迫命令，不是最后通牒，不是一言堂，更不是“我说的算”，要达到沟通效果，千万不要触犯了沟通禁忌。

共同语言

据说，人类的祖先最初讲的是同一种语言。他们找到了一块异常肥沃的土地，于是就在那里定居下来，修起城池，建造起了繁华的都城。后来，他们的日子越过越好，人们为自己的业绩感到骄傲，他们决定在城中修建一座通天的高塔，来传颂自己的赫赫威名，并作为集合全天下弟兄的标记，以免分散。因为大家语言相通，同心协力，阶梯式的通天塔修建得非常顺利，很快就高耸入云。

天帝得知此事，立即从天国下凡视察。天帝一看，又惊又怒，因为他是不允许凡人达到自己的高度的。他看到人们这样统一强大，心想，人们讲同样的语言，就能建起这样的巨塔，日后还有什么办不成的事情呢？于是，天帝决定让人世间的语言发生混乱，使人们互相言语不通。

从此，人们各自操起不同的语言，感情无法交流，思想很难统一，就难免出现互相猜疑，各执己见，争吵斗殴。这就是人类之间误解的开始。

修造工程因语言纷争而停止，人类的力量消失了，通天塔终于半途而废了。

处世一点通

集体的力量，在于人人有共同语言，共同的语言产生共同的精神，共同的精神焕发共同的意志，共同的意志焕发强大的力量。集体没有默契，不能发挥团队绩效，而团队没有交流沟通，也不可能达成共识。团队有共识，才能激发成员的斗志，共同打造事业的通天塔。一个人在生命的旅途中前行时，若不随时与同伴交流沟通，便会产生误解，以致发生冲突，造成对抗。

短了四寸

健健明天就要参加中学毕业典礼了，怎么也得精神点，把这一美好时光留在记忆之中，于是他高高兴兴上街买了条裤子，可惜裤子长了两寸。吃晚饭的时候，趁奶奶、妈妈和嫂子都在场，健健把裤子长两寸的问题说了一下，饭桌上大家都没有反应。饭后大家都去忙自己的事情，这件事情就没有再被提起。

妈妈睡得比较晚，临睡前想起儿子明天要穿的裤子还长两寸，于是就悄悄地一个人把裤子剪好叠好放回原处。

半夜里，狂风大作，窗户“哐”的一声关上了，嫂子被惊醒，猛然醒悟到小叔子裤子长两寸，自己辈分最小，怎么得也是自己去做呀，于是披衣起床将裤子处理好才又安然入睡。

奶奶觉轻，每天一大早醒来给小孙子做早饭上学，趁水未开的时候也想起孙子的裤子长两寸，马上快刀斩乱麻。

最后健健只好穿着短四寸的裤子去参加毕业典礼了。

处世一点通

在一个集体中，沟通和交流是非常必要的。沟通才能产生共识，交流才能产生默契。如果没有很好的交流和沟通，单靠美好的愿望和热情是不够的，只有积极引导并有明确的规则来分工协作，大家的力量才能形成合力，否则就会造成误解，产生冲突，欲速而不达。

我叫王耕牛

王耕牛是一位农民，从来没有出过远门。攒了半辈子的钱，终于参加一个旅游团出了国。国外的一切都是非常新鲜的，关键是，王耕牛参加的是豪华团，一个人住一个标准间。这让他新奇不已。早晨，服务生来敲门送早餐时大声说道："Good morning!"王耕牛愣住了。这是什么意思呢？在自己的家乡，一般陌生人见面都会问："您贵姓？"于是王耕牛大声叫道："我叫王耕牛！"

如此这般，连着三天，都是那个服务生来敲门，每天都大声说："Good morning，sir!"而王耕牛亦大声回道："我叫王耕牛！"但他非常生气：这个服务生也太笨了，天天问自己叫什么，告诉他又记不住，真烦人。

终于，他忍不住去问导游，“Good moring，sir!”是什么意思？导游告诉了他。天啊！真是丢脸死了。王耕牛反复练习“Good morning，sir!”这句话，以便能体面地应对服务生。这天早晨，服务生照常来敲门，门一开王耕牛就大声叫道：“Good moring，sir!”与此同时，服务生却叫道：“我叫王耕牛！”

处世一点通

语言不通，是人际沟通的最大障碍。这个故事告诉我们：如果没有听懂对方的语言，也没有揣摸到对方的准确意思，将会闹笑话。这也从反面启示我们：沟通的前提，是准确地把握双方的真实思想，否则，沟通就无法进行。

冤死的布谷

从前，有一对布谷夫妻住在一个巢里，早上一起出去觅食，晚上一起回来过夜，日子过得很美满。

转眼秋天到了，满山遍野都结满了熟透的野果，微风一吹，不时散发出阵阵诱人的香气。

“今天的天气可真好啊！太阳照得哪儿都是暖融融的。”

“是呀，秋天是最美的季节，天气不冷又不热，还有这么多的野果子可吃。”

“可惜，秋天一过，冬天就要到了，大雪一下，就很难找到食物了。”

“那我们就多采些果子放在窝里吧，这样到了冬天，我们就不必再出去找吃的了。”

“对呀，我们要采得多多的，装满我们的家。”

它们说干就干，忙碌了一整天，窝里被果子塞得满满的。这些果子又鲜亮又饱满，使整个窝里都充满了香气。

过了一段时间，因为干燥，果子的水分都蒸发掉了，原来鲜亮的果子现在变得干巴巴的，自然显得少了许多。

一天，雄布谷发现果子少了许多，便生气地责备雌布谷道：“你怎么可以这么贪吃呢？我们原先那么辛苦摘来的果子，是要留着过冬的，可你却把它们都偷吃了。”

“我没有偷吃果子，是果子自己变少的。”雌布谷辨白道。

“果子自己怎么会变少？”雄布谷更生气了，“如果真是你吃了，我们出去再摘些来也就是了，可是你偷吃了还不承认，我可真后悔当初看上你了。”

雌布谷听它这么说，也来了气：“没吃就是没吃，你怎么可以这么无端猜疑呢？”

“就是你吃的！就是你吃的！”雄布谷不由分说，扑上去用嘴使劲儿地啄着雌布谷的头，竟活活地把雌布谷给啄死了。

没过几天，下起了秋雨，并且时断时续地一连下了好几天。雨水顺着树枝慢慢地渗进窝内，把果子都泡湿了。这些果子被雨水一泡，重又变得水灵灵的，像以前一样饱满了，泡大的果子严严实实地塞满了一窝。

“这是怎么回事呢？”雄布谷面对变多的果子，感到有些莫名其妙，它想啊想啊，终于明白了：“原来是雨水把果子给泡大了，所以变多了。那么，以前的果子确实不是被雌布谷偷吃了，只是变干了而已。”

雄布谷想到这里，霎时明白了雌布谷是无辜的，不禁懊悔已极。它冲进雨中，悲哀地呼唤着雌布谷："是我不好，当时错杀了你。你快回来吧，都是我不好啊！"

它在雨水里悲哀地呼唤着，终于被雨水打落在地上，哀伤地死去了。

处世一点通

在沟通的过程中，切忌臆断和猜疑。有人对一时的疑团解不开，又不认真调查研究，只是凭着自己的见解就妄下结论，结果既伤害了对方，也伤害了自己。可见，没有调查就没有发言权，猜忌之心，是生活的大敌，也是人际之间交流和沟通的大敌。要解开一个谜团，首先要冷静，然后再调查研究，切勿冲动。

一条腿的烤鸭

从前，有一个员外郎，他手下有个著名的厨师，厨师的拿手好菜是烤鸭，深受府里人的喜爱，尤其是员外郎，更是倍加赏识。不过这个员外郎从来没有给予过厨师任何鼓励，使得厨师整天闷闷不乐。

一天，员外郎有客人从远方来，在家设宴招待贵宾，点了数道菜，其中一道是员外郎最喜爱吃的烤鸭。厨师奉命行事，然而，当员外郎夹了一个鸭腿给客人时，却找不到另一个鸭腿了，便问身后的厨师说："另一个腿到哪里去了？"

厨师说："禀老爷，我们府里养的鸭子都只有一条腿！"员外郎感到诧异，但碍于客人在场，不便问个究竟。

饭后，员外郎便跟着厨师到鸭笼去查个究竟。时值夜晚，鸭子正在睡觉。每只鸭子都只露出一条腿。

厨师指着鸭子说："老爷你看，我们府里的鸭子不全都是只有一条腿吗？"

员外郎听后，便大声拍掌，吵醒鸭子，鸭子当场被惊醒，都站了起来。

员外郎说："鸭子不全是两条腿吗？"

厨师说："对！对！不过，只有鼓掌拍手，才会有两条腿呀！"

处世一点通

这个故事给我们两点启示：1. 与人沟通是需要技巧的。当直接的语言不能达到自己的诉求时，可以采取委婉或隐喻的方式，给对方暗示。2. 鼓励和赞扬，也是沟通的重要内容。希望受到鼓励，是人的本性，特别是人处在情绪低落时，更希望来自家人、师长、上级和朋友的激励和赞赏。如果一个人的努力总是得到不到他人的赞许和鼓励，时间一久，就会失去干劲，产生厌倦，精神状态也会一泄千里。所以，在与人沟通时，千万别忽略了"赞美"的作用。

狮后的丧礼

狮后死了，动物们都前往吊唁，这使狮王更加感到悲伤。狮王诏告全国，葬礼如期举行，司仪官员主持仪式，做好席位安排、检查出席情况的工作。

狮王放声痛哭，洞穴里回荡起那令人恐惧的哭吼声。由于葬礼就设在洞内，朝中大臣都依照狮王的样子用不同的语言跟着哭嚎。在这里，一个思想在指挥着千百个躯体，可以说这些动物只不过是思维简单的“机器人”、应声虫。

就在狮王痛哭，群臣也都嚎啕大哭之时，只有一只鹿却无动于衷。它为什么没哭？因为狮后的死实在让自己解气。狮后曾掐死了它的妻子儿女，这杀妻灭子之仇是让它哭不出来的。这时，有个拍马屁的家伙赶紧去打小报告，还说看见鹿在笑。国王听了勃然大怒，恨恨地对鹿说：“你这森林中的无名小辈，在这个时候竟敢笑而不是与民伤悲，我今天没工夫用神圣的爪子撕开你亵渎神灵的身体。群狼，你们去为死去的王后报仇，把这个叛徒杀死，用它去祭奠亡灵吧。”

鹿听到这话赶紧对狮王说：“陛下，悲伤的时候已过去，痛苦也变得多余。你亲密的伴侣静卧在花丛里，已向我显灵。‘朋友，’它说，‘当我现在升天成仙的时候，请留意，葬礼中不需要你痛哭。在伊甸园中我享受到了无比的乐趣，因为我正和圣人生活在一起。让狮王悲痛吧，看它如此怀念我，我心中十分快慰。’”

一席话说得百兽欢呼雀跃起来："真是神了！狮后成了仙！"

至此，鹿不但没受处罚，反而得到了赏赐。

处世一点通

我们很佩服鹿的机智，因为它懂得了赞美的力量。赞美，确实是我们日常交往中不可或缺的语言。每个人都有希望得到赞美和表扬的心理需求，赞美和表扬不仅会让一个人心情愉快，还会使他变得积极起来。赞美时，你所付出的只是语言，而所得到的回报却是友谊和帮助，甚至也可以转危为安。

我还要回来

一天，著名主持人杜拉克在主持一个公共节目时，问一名6岁的小朋友佳佳："你长大后想要当什么呀?"佳佳天真地回答："嗯……我要当飞机的驾驶员!"

杜拉克接着问："如果有一天，你的飞机飞到太平洋上空，所有引擎都熄火了，你会怎么办?"佳佳想了想："我会先告诉坐在飞机上的人系好安全带，然后我挂上我的降落伞跳出去。"

当在现场的观众笑得东倒西歪时，杜拉克继续注视着这孩子，想看他是不是自作聪明的小家伙。没想到，接着孩子的两行热泪夺眶而出，这才使得杜拉克发觉这孩子的悲悯之情远非笔墨所能形容。于是杜拉克问他说："为什么要这么做?"

小孩的答案出人意料："我要去拿燃料，我还要回来!"

处世一点通

我们常犯这样的错误：不听人把话说完就断章取义妄下断言，以致误会了对方的原意。所以，我们在与人交流时，就要反问自己：真的听懂他说的意思了吗？也许你会说：他不说又怎能希望我来理解？但是，到底是他不说，还是你不愿听？总之，我们不要把自己的臆断强加别人，要学会耐心倾听，直到别人把话说完。

让别人多说话

维特姆是拉森见到的最受欢迎的人士之一，他总能受到邀请，经常有人请他参加聚会、共进午餐、打高尔夫球。

一天晚上，拉森碰巧到一个朋友家里参加一次小型社交活动。他发现维特姆和一个漂亮女孩在一个角落里。出于好奇，拉森远远地注视了他们一段时间。拉森发现那位女孩一直在说，而维特姆好像一句话也没说。他只是有时笑一笑，点一点头，仅此而已。几小时后，他们起身，谢过男女主人，走了。

第二天，拉森见到维特姆时禁不住问道："昨天晚上我在拉荷玛家看见你和最迷人的女孩呆在一起。她好像完全被你吸引住了。你是怎么抓住她的注意力的？"

"很简单，"维特姆说，"拉荷玛太太把爱莉介绍给我，我只对她说：'你的皮肤晒得真漂亮，在冬季也这么漂亮，是怎么做的？你去哪儿了呢？阿卡普尔科还是祖马岛？'

'祖马岛。'她说，'祖马岛永远都风景如画。'

'你能把一切告诉我吗？'我说。

'当然。'她回答。我们就找了个安静的角落，接下去的两小时她一直在谈祖马岛。

'今天早晨爱莉打电话给我，说她很喜欢我陪她。她说很想再见到我，因为我是最有意思的谈伴。但说实话，我整个晚上没说几句话。'"

看出维特姆受欢迎的秘诀了吗？很简单，维特姆只是让爱莉谈自己。他对每个人都这样——对他人说："请告诉我这一切。"这足以让一般人激动好几个小时。人们喜欢维特姆就因为他愿意倾听。

处世一点通

让别人多谈自己，这是与人沟通的成功之道。与人交往，特别是与初次见面的人打交道，如何赢得好感，进而让对方乐于与自己交往？把话题抛给对方，让他多说话，应该是一个好办法。人们都有自我表现的欲望，希望别人能倾听自己的声音，接受自己的观点，分享自己的快乐、幸福。所以，多用耳朵，少用嘴巴，善于倾听，就能抓住对方的心。

理直气和

“服务员！你过来！你过来！”一位顾客指着面前的杯子，满脸怒气地说，“你看看，你们的牛奶是坏的，把我一杯红茶都糟蹋了！”

“真对不起！”服务员陪着不是，“我立刻给您换一杯。”

新红茶很快就准备好了，碟边跟前一杯一样，放着新鲜的柠檬和牛奶。服务员轻轻放在这位顾客面前，又轻声地说：“我是不是该建议您，如果放柠檬，就不要加牛奶，因为有时候柠檬酸会造成牛奶结块。”

顾客的脸一下子红了，匆匆喝完茶，走了出去。

有人笑问这位服务员：“明明是他土，你为什么不直说呢？他那么粗鲁地叫你，你为什么不还以一点颜色？”

“正因为他粗鲁，所以要用婉转的方法对待；正因为道理一说就明白，所以用不着大声。”服务员说，“理不直的人，常用气壮来压人。理直的人，要用气和来交朋友！”

在座的每个人都点头笑了，对这家餐馆增加了许多好感。

往后的日子，他们每次见到这位服务员，都想起她“理直气和”的理论，也用他们的眼睛，见证着这位服务员的话有多么正确——

他们常看到，那位曾经粗鲁的客人，和颜悦色、轻声细气地与服务员寒暄。

处世一点通

常见有人“得理不让人”，却少见有人“有理也让三分”。实际上，“有理不在声高”，为什么不学学“理直气和”的道理呢？哪怕自己占了十二的理儿，也要用温和的态度、婉转的语言加以提醒，其结果既达到了提醒对方的目的，又达到了友好交往的效果。如果用“理直气壮”的态度与之针锋相对，那么结果肯定很糟糕。

忠言不必逆耳

清凉寺内住着一位高僧，他胡子雪白，谁也说不清他有多大年纪。山下的男女老少都非常尊敬他，不管谁遇到大事小事，都来找他，请求他提些忠告。但高僧总是笑眯眯地说：“我能提些什么忠告呢？”

这天，我有一事来求他提出忠告。高僧仍然婉言谢绝，但我苦缠不放。高僧无奈，他拿来两块窄窄的木条，两撮钉子，一撮螺钉，一撮直钉。另外，他还拿来一个榔头，一把钳子，一个改锥。

他先用榔头往木条上钉直钉，但是木条很硬，他费了很大劲儿，也钉不进去，倒是把钉子砸弯了，不得不再换一根。一会儿工夫，好几根钉子都被他砸弯了。

最后，他用钳子夹住钉子，用榔头使劲砸，钉子总算弯弯扭扭地钉进木条里面去了。但也前功尽弃了，因为那根木条也裂成了两半。

高僧又拿起螺钉、改锥和榔头，他把钉子往木板上轻轻一砸，然后拿起改锥拧了起来，没费多大力气，螺钉钻进木条里了，天衣无缝。

而他剩余的螺钉，还是原来的那一撮。

高僧指着两块木板笑笑，对我说："年轻人，忠言不必逆耳，良药不必苦口，人们津津乐道的逆耳忠言、苦口良药，其实都是笨人的笨办法。想想看，与人硬碰硬有什么好处呢？说的人生气，听的人上火，最后伤了和气，好心变成了冷漠，友谊变成了仇恨。我活了这么大，只有一条经验，那就是绝对不直接向任何人提忠告。当需要指出别人的错误的时候，我会像螺丝钉一样婉转曲折地表达自己的意见和建议。"

处世一点通

有人犯了错误，向他提出忠告是十分必要的。但提出忠告也要讲究方式。生硬的语言、直接的教训、愤怒的指责，这些都令人难以接受，特别是那些一意孤行的朋友，由于他的内心已产生抵触心理，对有火药味的语言更难听得进去。这时，你的忠言不仅难以改变对方，反而会伤了双方感情，引起误会。所以，学会用委婉和间接的语言劝告他人，这是十分重要的。有人认为对方是自己的朋友或亲人，可以不讲方式；也有人认为自己教训自己的晚辈，可以直来直去，这也是一个误区，效果肯定是不会太好的。

先生认“真”

一位先生和他的徒弟游学，这日来到一个地方，忽然感觉腹中饥饿，就对徒弟说：“前面有一家饭馆，你去讨点饭来。”徒弟就去了饭馆，向店家说明来意。

那饭馆的主人说：“要饭吃可以啊，不过我有个要求。”徒弟忙道：“什么要求?”店主人说：“我写一字，你若认识，我就请你们师徒吃饭，若不认识乱棍打出。”徒弟微微一笑，道：“主人家，不瞒你说，我虽不才，可也跟师傅多年。慢说一字，就是一篇文章又有何难?”店主人听罢，也微微一笑，道：“先别夸口，认完再说。”说罢，提笔写了一个“真”字。徒弟一看哈哈大笑：“主人家，你也太欺我无能了，我以为是什么难认之字，此字我5岁就认识。”店主人问：“此为何字?”徒弟答道：“是认真的‘真’字。”店主人冷笑一声：“哼，无知之徒，竟敢冒充读书人，来人，乱棍打出!”

徒弟被赶出来后，去见先生，说了经过。先生微微一笑：“看来他是要为师前去不可。”说罢，来到店前，说明来意。那店主一样写下“真”字。先生答道：“此字念‘直八’。”那店主人笑到：“一看就是一个有学问的人，请!”

徒弟不服，问先生道：“老师，你不是教我们那字念‘真’吗?什么时候变‘直八’了?”先生微微一笑，道：“有时候，事是认不得‘真’的啊。”

处世一点通

所谓"认不得真"，就是说话不要太较真，不要认死理儿，而要变通，得饶人处且饶人，能过得去就让它过去。特别是那些不关原则问题，不关大是大非问题的事情，最好见好就收，睁一只眼闭一只眼。如果钻牛角尖儿，非得争出个子丑寅卯不可，虽然争赢了，又有什么意义呢？

分 享

一次，家里买了花蛤煮汤。小强特别喜欢吃花蛤，汤一上桌，他就把里面的花蛤全捞走了。爸爸批评他，可他还振振有词地说："人家喜欢吃嘛，爷爷、奶奶也不喜欢吃，他们都要让我吃。"其实，爷爷、奶奶不是不喜欢吃，只是孙子喜欢吃什么，他们就全让给他吃。于是，爸爸故意把小强碗里的花蛤夹到自己碗里，并说："爸爸也喜欢吃花蛤，你的这些花蛤让给爸爸吃好了。我知道你是个乖孩子，肯定会答应的，是不是？"

听爸爸这样说，小强有点不高兴，可过了一会儿，他却说："爸爸，你不是说，有好吃的东西要和别人一起分享？你怎么把花蛤全拿走了？"

爸爸心中暗暗高兴——儿子"中计"了，便趁机表扬他："小强说得真好，真是个懂事的孩子。现在，你把这些好吃的花蛤分给大家吃，好吗？"

这时，爷爷、奶奶也意识到孩子的爸爸是在有意教育孩子，当孙子把花蛤夹到他们碗里的时候，他们也配合得很好，急忙夸奖他。受到大家的表扬，孩子的脸上露出了得意的笑容，好像做了一件多么了不起的事情。

处世一点通

摆事实、讲道理，永远是教育他人、改变他人的良方。用道理说话，可以“以其人之道还治其人之身”，可以让对方“哑口无言”，可以使对方“心悦诚服”。相反，以势压人，或一味忍让，都不能起到很好的教育效果。

萧伯纳改错

英国作家萧伯纳是个很聪明、很健谈的人，少年时，他总是习惯表现自己，无论到哪里都说个没完，而且出语尖刻，人们被他说一句，便有一无是处之感。一次，他的一个朋友忠告他说：“你说起话来真的很有趣，这固然不错，但大家总觉得，如果你不在场，他们会更快乐，因为他们都比不上你。有你在场，大家就只能听你一个人说话了。加上你的词锋锐利而尖刻，听着实在刺耳，这么一来，朋友都将离你而去，这样对你又有什么益处呢?”

朋友的提醒给了萧伯纳很深的触动，他从此立下誓言，决心改掉“自话自说”的习惯，这样，他又赢得了朋友的欢迎和尊敬。

处世一点通

我们身边也常有一些“健谈”的人，他们卖弄口才，说起话来滔滔不绝，没完没了，不看别人的反应，不顾别人的感受，好像他就是这个场合的唯一主人。结果呢，别人会捂着耳朵，会逃之夭夭，甚至表示反感。真是这样的话，他的话再多又有什么意义呢？

孩子的冲突

一天，卡伦、希雷达和罗德这三个孩子在后院的体育场上玩捉人游戏。卡伦的父亲在家里听见他们在嚷：“骗子！”“我说过时间到了！”“这是骗人的！”“哦，没错，你是个骗子！”

卡伦的父亲到了后院，卡伦瞪了布雷达一眼，告诉父亲：“他认为他能按自己的意愿制定所有的游戏规则！”

“你们在开始玩游戏之前没有就游戏规则达成一致意见吗？”卡伦的父亲问道。

“没有。”卡伦回答。

“那么，这也许就是你们产生矛盾的原因。先花几分钟制定一些大家都同意的公平的游戏规则吧。你们认为如何？”

5 岁的布雷想和他 10 岁的哥哥约翰在开饭前一起玩半小时，但约翰想要一点属于自己的“私人时间”，于是他们间发生了争论。父亲从中做了简短的调解后，他们达成了这样的公平协议：一起玩 15 分钟，剩下 15 分钟作为私人时间。

欧文和安迪都是 7 岁的孩子，两个人是好朋友，但他们经常就两人在一起玩什么游戏不能达成一致意见，往往闹得不欢而散，而下一次聚在一起又觉得“浪费时间”。欧文的妈妈建议他们先坐下来，分别列出他们在一起想做的事，然后从中找到一些双方都认为公平的方案。他们照此做了，此后他们碰面时都玩得很愉快。

处世一点通

孩子之间发生冲突，未必就是坏事。我们可以在经受对抗、较量与失望后，学会如何坚持自己的立场，拒绝别人的压力，掌握沟通的方法。冲突还可以让对抗转化为友好相处，让我们学会原谅宽容别人，并养成豁达开朗、不拘小节的胸怀。

7. 学会报答，真心感谢有恩于你的人

我们生活在这个世界上，时时接受着来自各方面的“恩赐”：父母的养育，师长的教诲，爱人的关心，朋友的友情，大自然的慷慨赐予。我们也有责任用同样的爱心去回报他们。如果你觉得别人的恩赐是理所当然的，那就说明你丝毫没有感恩意识，这将是世上最大的悲哀或不幸。

为校长干杯

1912年的一天，华沙“镭”实验室建成了。居里夫人接到消息，立即打点行装，从巴黎飞往华沙。

晚上，为居里夫人举行的欢迎宴会开始了。居里夫人成了贵宾，被请到摆满鲜花的桌前坐下。但她却隔着鲜花，在努力地寻找着什么。

忽然，居里夫人的目光碰上了对面一位白发苍苍的老太太的目光，老太太也正敬佩地望着她。居里夫人激动地站了起来，向老人走去。

居里夫人伸出双手，紧紧地拥抱了这位老太太，在老太太的双颊上吻了又吻，说道：“我以为这是不可能的，可却是真的，是真的！我一直想念着您，斯克罗斯校长。”

斯克罗斯校长热泪盈眶，她紧紧地握住了居里夫人的手，不住地说：“好样的，玛利亚！好样的，玛利亚！”在场的人都被她们深深地感动了，好多人眼中都噙满了泪花。

服务人员送来了酒，居里夫人拿起一杯酒，递给斯克罗斯，然后转身对众人说：“尊敬的主人，尊敬的来宾们，我提议，为斯克罗斯校长干杯！是她教育我要用自己的大脑去思考，要真诚、勇敢地面对生活。”

“干杯！”

“干杯！”

居里夫人对老师的尊敬和爱戴感染了在场的每一个人，大家纷纷举起了酒杯，宴会的气氛达到了高潮。

处世一点通

我们所学到的任何知识，都是与老师的辛勤教育分不开的。“新竹高于旧竹枝，全凭老干来扶持。”也许我们以后会取得非常大的成就，我们的学问、知识、财富和能力，会大大地超过我们的老师，但我们仍然要牢记，这一切都不是凭空得到的，它们的基础，都根植于学校的培育。所以，尊重师长，是我们每一个人都应做到的。

成功源于老师

1986年7月的一天，美籍华裔物理学家杨振宁获悉吴大猷教授正在台北进行学术访问，他屈指一算，7月正好是吴教授80大寿。于是，他决定借参加台湾中央研究院院士会议的机会，到台北去为教授祝寿。

坐在飞往台北的飞机上，杨振宁想起了48年前在昆明读书的往事……

1938年，即抗战爆发后的第二年，杨振宁以优异成绩破格考取了昆明西南联大物理系。三年级时，吴大猷教授给他讲课，使他对理论物理的研究产生了浓厚的兴趣。第二年，他去吴教授家希望教授能指导他的毕业论文，吴教授欣然同意。吴教授的悉心指导，使杨振宁更加坚定了今后在理论物理研究领域里的主攻方向，甚至对他的一生产生很大的影响。后来，杨振宁去美国继续深造，在理论物理研究方面有了不少突破。1957

年，他与李政道博士共同获得诺贝尔物理学奖。此时，他想到了青年时代的导师，在给吴大猷教授的信中他写道：“学生这次获得殊荣，是过去先生悉心引导的结果，今日是学生感谢先生最好的时机……”

飞机降落，杨振宁走下机舱，看到迎面一位白发苍苍的老人向他频频招手。“啊，吴老师，您身体还好吗？”杨振宁深情地紧紧握着吴教授的手。“振宁，想不到我会来台北与你相见吧！听说你要在台北组织一批朋友给我祝寿？”

“恩师80大寿，是学生应该做的。”

“不，不，我已向朋友们宣布不举行任何形式的祝寿活动。”

师生俩走进机场餐厅休息时，一批新闻记者围上来进行采访。杨振宁一边回答记者的提问，一边忙着给吴教授端茶、递餐巾纸。他向记者们说：“吴老师是我一生研究领域中最早的领路人，没有吴老师在大学里对我的指导，就不可能有我的今天。”

处世一点通

中华传统尊师如父，又曰“一日为师终身为父”。成功者，当永远不要忘记传道、授业、解惑之人。虽然无须对他们付出许多，但一颗感恩的心是必不可少的。如果有人认为他的成功是他一个人奋斗的结果，无须感恩和回报他人，这是大错特错的，也是不符合事实的。

报　应

从前，有一对不孝敬父母的夫妇，他们对老人毫不关心，又嫌老人不能干活，打算把老人赶走。他们的孩子看在眼里，心里非常着急。

这一天，夫妻二人让老人坐在筐里，抬着他向深山里走去。他们的孩子也远远地跟在后面。到了山里，丈夫说："就扔在这里吧，离家这么远，他肯定回不去了。"

说完，夫妻二人丢下老人和筐子，扭身就走。

老人看到儿子和儿媳这样对待他，伤心得流下了眼泪。

这时，孩子突然想起了一个救爷爷的妙计。他冲父母喊道："爸爸妈妈，应该把筐子也抬回去。"

爸爸不解地问："要这筐子干什么？"

孩子回答："等你和妈妈老了，不能动弹了，我好用它把你们抬到这里来呀。"

孩子的话深深地触动了夫妻俩。他们彼此相视了一眼，顿时悟到了什么，不禁羞愧不已，于是立即把老人抬了回去，进行悉心照料。

处世一点通

孝顺，是我们的传统美德。俗话说：前人栽树后人乘凉。老人为家庭、为社会创造了许多财富，理应得到后人的孝敬。这是我们的责任所在，不会随着父母年老力衰而结束。父母的养育之恩，是天高地厚的，怠慢父母是违背伦理的行为，照顾、关心他们是我们的天职。违背这个伦理，必然招致报应。

鹦鹉救火

一只鹦鹉又累又饿时，来到了一片树林，受到了动物们的热情款待。

后来，有一天，这片树林忽然起了大火，百里之外都看得见。鹦鹉远远地看见后焦急地赶回树林，一次次地飞到附近的河边，将羽毛在水中沾湿，然后扇动着翅膀把水洒向山林，也不知道这样来来回回飞了多少趟，翅膀都快被烧焦了。

天神看见后，对鹦鹉说：“这点水根本扑灭不了山火，你这是何苦呢?”鹦鹉说回答说：“我知道也许帮不了什么忙，可是这儿的朋友们曾经款待过我，我不能眼睁睁地看着它们被烧死!”

天神很受感动，下雨扑灭了大火，鹦鹉的朋友们终于得救了。

处世一点通

知恩图报是做人的基本准则，也是交友的基本原则，它是友谊的润滑剂，也是感情的催化剂，朋友之间就是在这种相互帮助、相互关心、相互支持之间增进友谊的。也许我们对朋友的帮助是微不足道的，甚至可以说是杯水车薪，但我们也要尽我们的努力去帮助他们。因为，友谊不是以给予的多少，而是以真情的付出来衡量的。

特殊的应聘

大学刚毕业的丹妮去一家企业应聘秘书。在最后的面试时，总经理审视着她的脸，出乎意料地问：“丹妮小姐，你替父母洗过脚吗？”

“我？从来没有。”丹妮如实回答。

“那么，你给父母捶过背吗？”

丹妮想了想，说道：“有是有过，那是在我上小学的时候，我为了向父亲讨要10元钱，就给他捶了一下腰。”

在接下来的交谈中，总经理一直在安慰她别灰心，会有希望的。丹妮临走时，总经理突然对她说：“明天这个时候，请你再到这里来。不过，请你在来这里之前，一定要为父母洗一次脚。能做到吗？”这是总经理的吩咐，丹妮一口答应了下来。

丹妮家境贫寒。她出生不久母亲便去世了，从此，父亲靠给人打零工拼命挣钱来供她读书。就在今日，父亲还在替人干活，丹妮到家时，父亲还没有回来。父亲出门在外，脚一定很脏，她决定替父亲好好洗洗脚。

父亲回来后，听女儿说要替她洗脚，感到很奇怪："洗脚？我还洗得动，让我自己来洗吧。"

丹妮将自己必须替父亲洗脚的原因一说，父亲很理解，便按女儿的要求坐下，等女儿端来水盆，再把脚伸进水盆里。

丹妮右手拿着毛巾，左手去揉父亲的脚，她这才发现父亲的那双脚不知何时已经变得像木头一样僵硬，她不由得潸然泪下。在读书时，她心安理得地花着父亲如期送来的学费和零花钱，现在她才明白，那些钱是父亲的血汗钱。

第二天，丹妮如约去了那家公司，对总经理说："现在我才知道父亲为我受了很多的苦。你使我明白了在学校里从没有学过的道理。谢谢你。如果不是你，我还从来没有握过父亲的脚，我只有父亲一个亲人，我要好好照顾父亲，再也不让他受苦了。"

总经理点点头，说："你明天来上班吧。"

处世一点通

一个连父母都不理解的人，如何理解一个企业？一个连父母都不感恩的人，如何感恩社会？一个连家都不钟情的人，如何钟情一项事业？求职和为父母洗脚，这两个看似风马牛不相及的事情，却暗藏着一个真理：对事业的爱，是从对家的爱开始的；懂得报答父母，才能懂得报答社会。所以，我们每一个人，从小就要培养一颗感恩的心。

结草衔环

结草衔环是一个成语，由两个故事组成——

春秋时，晋国的魏武子在生病时，曾嘱咐他的儿子魏颗，在他死后，把一个没有生过儿子的妾嫁出去。后来武子病重了，又告诉魏颗，在自己死后让他这个妾陪葬。武子死了以后，魏颗觉得父亲病危时的话可能是神志不清时的胡言乱语，便依照他以前的吩咐把武子的爱妾嫁出去了。后来，魏颗领兵和秦国打仗，看见战场上有个老人把遍地的草都打成了结子，缠住秦军的战马，使秦军兵将纷纷坠马，魏颗因此获胜并俘虏了秦将杜回。当夜，魏颗做了个梦，梦见在战场上结草的老人自称是那位出嫁妾的父亲，是用此来报答魏颗不把自己女儿拿来陪葬之恩的。

东汉杨宝在9岁时，从华阴山北捉了一只受伤的黄雀，杨宝把它带回家饲养，等伤好后把黄雀放了。过后，杨宝梦见黄雀化作一个黄衣童子回来报恩，自称是西王母的使者，并口衔4枚白环，说杨宝的子孙将来都会像白环一样珍贵。后来，杨宝的子孙果然都有出息。

处世一点通

滴水之恩，当以涌泉相报。中国是一个有报恩传统的国家，这是一个朴素的美德，是人与人之间美好关系的最真诚的体现。不管是民间故事，还是真人真事，以德报德的传统一直受到人们的歌颂。它告诉我们应该怎么报答有恩于我们的人，怎么向他人伸出自己的援手。

打渔的大夫

春秋时候，吴国的大将军伍子胥带领吴国的士兵要去攻打郑国。郑国的国君郑定公说："谁能够让伍子胥把士兵带回去，不来攻打我们，我一定重重地奖赏他。"可惜没有一个人想到好办法，到了第四天早上，有个年轻的打渔郎跑来找郑定公说："我有办法让伍子胥不来攻打郑国。"郑定公一听，马上问打渔郎："你需要多少士兵和车子？"

打渔郎摇摇头说："我不用士兵和车子，也不用带食物，我只要用我这根划船的桨，就可以叫好几万的吴国士兵回吴国去。"

打渔郎把船桨夹在胳肢窝下面，跑去吴国的兵营找伍子胥。他一边唱着歌，一边敲打着船桨："芦中人，芦中人；渡过江，谁的恩？宝剑上，七星文；还给你，带在身。你今天，得意了，可记得，渔丈人？"伍子胥看到打渔郎手上的船桨，马上问他："年轻人，你是谁呀？"打渔郎回答说："你没看到我手里拿的船桨吗？我爸爸就是靠这根船桨过日子，他还用这根船桨救了你呀。”伍子胥一听，忙说：“我想起来了！以前我逃难的时候，有一个打渔的先生救过我，我一直想报答他呢！原来你是他的儿子，你怎么会来这里呢?”

打渔郎说：“还不是因为你们吴国要来攻打我们郑国，我们这些打渔郎通通被叫到这里。我们的国君郑定公说只要谁能够请伍将军退兵，不来攻打郑国，他就重赏谁。希望伍将军看在我死去的爸爸曾经救过您的份上，不要来攻打郑国，也让我回去能得到一些奖赏。”

伍子胥带着感激的语气说：“因为你爸爸救了我，我才能够活着当上大将军。我怎么会忘记他的恩惠呢？我一定会帮你这个忙的！”伍子胥说完，马上把吴国的士兵通通带回去了。

打渔郎高兴地把这个好消息告诉了郑定公。一下子，全郑国的人都把打渔郎当成了大救星，叫他“打渔的大夫”。

处世一点通

伍于胥不忘过去，知恩报恩，有意成全恩人的后代，才毅然放弃了攻打郑国的打算。尽管这样做有假公济私之嫌，但在那个年代，攻打别人，本来就是非正义的事情。他能把一个人的救命之恩看得高于一切，也实在难得。同样，打渔郎为了自己的祖国不受侵犯，主动请缨，熄灭战火，这也不啻于是一种对国家的报恩行为。

那是什么

一天夜晚，当强和他的父亲在院子里散步。当强在外地工作，好不容易才回一趟家。

父子俩坐在一棵大树下，父亲指着树枝上的一只鸟问："当强，那是什么?"

"一只乌鸦。"当强说。

"是什么?"父亲的耳朵好像有点背了。

"一只乌鸦。"当强的声音比第一次大，他以为父亲刚才没有听清楚。

"你说什么?"父亲又问道。

"是只乌鸦!"当强大声喊道。

"当强，你再说一遍，那是什么?"

"爸爸，那是一只乌鸦！你还没有听清吗？那是一只乌——鸦!"当强已经变得不耐烦了。

父亲听到当强的回答后，没有说一句话。过了一会儿，他突然站起身来，慢慢地走进屋里。几分钟后，父亲重又坐在当强身边，手里多了一个发黄的笔记本。

当强好奇地看着父亲翻动着本子，他不知道那是他父亲的日记本，上面记载着父亲日常生活的点点滴滴。父亲翻到25年前的一页，然后开始读出声来：

"今天，我带着小当强到院子里走了走。我俩坐下后，当强看见树枝上停着一只鸟，问我：‘爸爸，那是什么呀?’我告诉他，那是只乌鸦。过了一会儿，当强又问我那只鸟是什么，我说那是只乌鸦……

“当强反复地问那只鸟的名字，一共问了12次，每次我都耐心地重复一遍。很高兴能有这样的机会，我知道当强很好奇，希望他能记住那只鸟的名字。”

当父亲读完这页日记后，当强已经泪流满面。“爸爸，你让我一下子懂得了许多，原谅我吧!”

处世一点通

父母在培养自己的儿女过程中，总是充满了耐心、细心和关心，一个孩子从牙牙学语到滔滔不绝地讲话、步履蹒跚到健步如飞，其中父母给予了多少无微不至的照料和教养，但从来没有一个父母感到疲倦和厌烦。相反，做儿女的又有多少人对老迈的父母付出了同样的关爱和耐心呢？嫌父母是“负担”的有之，骂父母是“老不死”的有之。究其原因，都是儿女回报给父母的爱心太少的缘故。

隋珠的传说

隋珠是一件宝物。传说古时候，有个汉东之国，国内有位姓姬的诸侯，叫做隋侯。有一天，隋侯在路上遇见一条大蛇，这条大蛇受了重伤，半截身子都快要折断了。隋侯很同情它，就回家取来药，给蛇敷在伤处，又用布带为它包扎好，蛇便钻进树丛离去了。

过了好些天以后，有一次隋侯在江边搭船，忽然一条大蛇从江中浮起，昂着头向他游过来了。隋侯吓得惊慌失措，魂不附体。可是那条蛇却没有伤害他，反倒从嘴里吐出一颗硕大的珍珠。这时，隋侯定神一看，才看清楚这条蛇正是从前他救过的那条受伤的大蛇。他心里顿时明白了："啊，原来这是蛇从江中衔了一颗珍珠送给我，报答我的救命之恩呀!"于是，他高兴地接过那颗珍珠。

后来，人们便把这颗神奇的珍珠，称作"隋珠"。

处世一点通

报恩的方法是多种多样的，有的以财物报答，有的以感情报答，有的以体力劳动报答，也有的只能把感恩之情留在心中。其实，报答一个人的最好方式，就是用同样的方法去回报社会，帮助他人。因为大家都生活在一个大集体里，当别人需要帮助时，热情地伸出援手，如果形成这样的氛围，这个世界就一定是十分美满的。

真正的儿子

三个妇女正在从水井里打水。

一个妇女对另一个说道："我的儿子很机灵，力气又大，谁也比不上他。”

另一个妇女接口说：“我的儿子会唱歌，唱得像夜莺一样悦耳，谁也没有他这样好的歌喉。”

第三个老妇人则沉默不语。

“你为什么不谈谈自己的儿子呢？”两个邻居问她。

“没有什么好谈的，”她说，“我的儿子一点特长也没有。”

说完，她们装满了水桶，提着走了。

忽然，迎面跑来了三个男孩子，一个男孩翻着跟斗，他母亲露出欣赏的笑容；另一个男孩像夜莺一般唱起来，妇女们都凝神倾听；第三个男孩则跑到母亲身边，从母亲手里接过两只沉重的水桶，提着走了。

这时，那两个妇女自豪地问老妇人：“喂，我们的儿子怎么样？是不是很棒？”

“他们在哪里？”老妇人回答道，“我只看到一个儿子。”

处世一点通

故事中的那两个妇女的儿子，尽管一个很机灵，一个会唱歌，却对正在吃苦的母亲不闻不问。时间久了，他们还会同情母亲、疼爱母亲吗？还会有爱心吗？很难说。也许他们会成为冷漠自私的人。那么，有这样的儿子，与没有这样的儿子有什么区别呢？所以，我们在享受母爱的同时，也要学会爱母亲，像母亲那样懂得关心、体贴自己的亲人。

莫忘致谢

依琳娜、莎拉和德鲁还小的时候，每当他们要向人家致谢，就口述感谢词句由我记录。但是到孩子长大一些，有能力自己写谢柬了，却必须由我三催四请才肯动笔。

我会问："孩子们，你写了信给爷爷，谢谢他送你那本书没有?"或问："陶乐思阿姨送了你那件毛线衫，你可有向她道谢?"他们的回应总是含糊其辞，或耸耸肩膀。

有一年，我在圣诞节过后催促了几天，孩子们竟一直毫无反应，我大为气恼，便宣布：谢柬写妥投邮之前，谁也不准玩新玩具或穿新衣。他们依旧拖延，还出言抱怨。

我忽然灵机一动，就说："大家上车。"

"妈妈，要去哪里?"莎拉问。

"去买圣诞礼物。"

"圣诞节已经过去了。"她反驳。

"不要啰嗦。"我斩钉截铁地说。

待孩子都上了车，我说："我要让你们知道，人家为了送你们礼物，要花多少时间。"

我对德鲁说："麻烦你记下我们离家的时间。"

来到镇里，德鲁记下抵达的时刻。三个孩子随我走进一家商店，帮我选购礼物送给我的姊妹。然后我们回家。三个孩子一下车便向雪橇走过去。我说："不许玩，还要包礼物。"孩子们垂头丧气回到屋里。

"德鲁，记下到家的时间没有?"他点点头。

"好，请再记录包礼物的时间。"

孩子包礼物时，我替他们冲泡可可。终于最后一个蝶形结也系好了。"一共花了多少时间?"我问德鲁。

他说："到镇上去，用了28分钟，买礼物花了15分钟，回家用了38分钟。"

"包这几个盆子用了多少时间?"依琳娜问。

"你们两人都是两分钟包一个。"德鲁说。

"把礼物拿去邮寄，要花多少时间?"我问。

德鲁计算了一下，答道："一来一去56分钟，加上在邮局排队的时间，要71分钟。"

"那么，送别人一件礼物总共花多少时间?"

德鲁又计算了一阵："2小时34分钟。"

我在每个孩子的可可杯旁放一页信纸、一个信封和一支笔。"现在请写谢柬。写明礼物是什么，说已经拿来用了，用得很开心。"

他们沉默构思，接着响起了笔尖在纸面上的声音。

"花了我们3分钟。"德鲁一面说一面把信封封好。

"人家选购一件情意浓厚的礼物，然后邮寄给你，所花时间也许超过两个半小时，我要你们花3分钟时间道谢，这难道是过分要求吗?"我问。三人低头望着桌面，摇摇头。

"你们最好现在就养成这习惯。早晚你们要为很多事情写谢柬的。"

"妈妈，你小时候也写这东西吗?"德鲁问。

"当然。"

我想起了亚瑟老爷爷。他是我曾祖父最小的弟弟，家住马萨诸塞州，我从没见过他，可是每年圣诞节他都送我一份礼物。他双目失明，由住在隔壁的侄女贝嘉过来帮他开出一批5美元的支票，分别寄给每一个曾侄孙和玄侄孙。我每次都回信致谢，并且告诉他这5美元是怎么用的。

后来我去马萨诸塞州就学，这才有机会探望亚瑟老爷爷。闲谈间，他说很欣赏我写的谢柬。我告诉三个孩子，亚瑟老爷爷每年都送我礼物，我也每年都给他写谢柬。

处世一点通

谢柬，就是向人致谢的回信。这个名词，对于中国的孩子也许还非常陌生。然而，哪个孩子得到亲朋的爱会少呢？从春节收到的“压岁钱”，到日常收到的诸如玩具、衣服、学习用具等礼物，肯定都不会少。可哪个孩子想到过感谢？甚至口头说声“感谢”也是罕见的。他们把这一切看成是天经地义的事，是理所当然的。如果一个人不从小培养感恩的意识，那他长大了也很难有报恩之心。

子路借米

子路是春秋末鲁国人，在孔子的弟子中以政事著称，尤其以勇敢闻名。但子路小的时候家里很穷，长年靠吃粗粮野菜等度日。

有一次，年老的父母想吃米饭，可是家里一点米也没有，怎么办？子路想到，要是翻过几道山到亲戚家借点米，不就可以满足父母的这点要求了吗？

于是，小小的子路翻山越岭走了十几里路，从亲戚家背回了一小袋米，看到父母吃上了香喷喷的米饭，子路忘记了疲劳。邻居们都夸子路是一个勇敢孝顺的好孩子。

处世一点通

中国有句古语：“百善孝为先。”意思是说，孝敬父母是各种美德中占第一位的。一个人如果连孝敬父母都不知道，就很难想象他会热爱祖国和人民。古人还说：“老吾老，以及人之老；幼吾幼，以及人之幼。”我们不仅要孝敬自己的父母，还应该尊敬别的老人，爱护年幼的孩子，在全社会形成尊老爱幼的淳厚民风，这是我们的责任。

小黄香温席

黄香小时候，家中生活很艰苦。在他9岁时，母亲就去世了。黄香非常悲伤。他本就非常孝敬父母，在母亲生病期间，小黄香一直不离左右，守护在母亲的病床前，母亲去世后，他对父亲更加关心、照顾，尽量让父亲少操心。

冬夜里，天气特别寒冷。那时，农户家里又没有任何取暖的设备，确实很难入睡。一天，黄香晚上读书时，感到特别冷，捧着书卷的手一会儿就冰凉冰凉的了。他想，这么冷的天气，爸爸一定很冷，他老人家白天干了一天的活，晚上还不能好好地睡觉。想到这里，小黄香心里很不安。为让父亲少挨冷受冻，他读完书便悄悄走进父亲的房里，给他铺好被，然后脱了衣服，钻进父亲的被窝里，用自己的体温温暖了冰冷的被窝之后，才招呼父亲睡下。黄香用自己的孝敬之心，暖了父亲的心。黄香温席的故事，就这样传开了，街坊邻居人人夸奖黄香。

夏天到了，黄香家低矮的房子显得格外闷热，而且蚊蝇很多。到了晚上，大家都在院里乘凉，尽管每人都不停地摇着手中的蒲扇，可仍不觉得凉快。入夜了，大家也都困了，准备睡觉去了，这时，大家才发现小黄香一直没有在这里。

“香儿，香儿。”父亲忙提高嗓门喊他。

“爸爸，我在这儿呢。”说着，黄香从父亲的房中走出来。满头的汗，手里还拿着一把大蒲扇。

“你干什么呢，天气怪热的。”爸爸心疼地说。

“屋里太热，蚊子又多，我用扇子使劲扇，蚊虫就跑了，屋子也显得凉快些，您好睡觉。”黄香说。

爸爸紧紧地搂住黄香：“我的好孩子，可你自己却出了一身汗呀！”

以后，黄香为了让父亲休息好，晚饭后，总是拿着扇子，把蚊蝇扇跑，还要扇凉父亲睡觉的床和枕头，使劳累了一天的父亲早些入睡。

处世一点通

感恩父母，反映在日常生活的点滴之中。冬为父暖席，夏为父驱蚊，虽然算不了什么大事，但其中的关怀和爱心，决非金钱可比拟。联想现在，有许多成人并没有对父母尽到关心的责任，而只是按时给父母一些生活费，平日借口没工夫，根本不去看望父母。这样的“孝心”，只能说是尽一下义务而已，做父母的并不能从中得到真正的温暖。

陈毅探母

1962年，陈毅元帅出国访问回来，路过家乡，抽空去探望身患重病的老母亲。

陈毅的母亲瘫痪在床，大小便不能自理。陈毅进家门时，母亲非常高兴，刚要向儿子打招呼，忽然想起了换下来的尿裤还在床边，就示意身边的人把它藏到床下。

陈毅见到久别的母亲，心里很激动，上前握住母亲的手，关切地问这问那。过了一会儿，他对母亲说："娘，我进来的时候，你们把什么东西藏到床底下了？"母亲看瞒不过去，只好说出实情。陈毅听了，忙说："娘，您久病卧床，我不能在您身边伺候，心里非常难过，这裤子应当由我去洗，何必藏着呢。"

母亲听了很为难，旁边的人连忙把尿裤拿出，抢着去洗。陈毅急忙挡住并动情地说："娘，我小时候，您不知为我洗过多少次尿裤，今天我就是洗上10条尿裤，也报答不了您的养育之恩！"

说完，陈毅把尿裤和其他脏衣服都拿去洗得干干净净，母亲欣慰地笑了。

处世一点通

陈毅元帅有繁忙的公务在身，但他不忘家中的老母亲，在百忙中抽空回家探望瘫痪在床的母亲，为母亲洗尿裤，以关切的话语和行为温暖抚慰病中的母亲。虽然陈毅元帅为母亲所做的只是一些平常得不能再平常的小事，但从这些平常的小事，可以看出他对母亲浓厚的爱。他不忘母亲曾为自己付出的点点滴滴，理解母亲的艰辛和不易，知道报答母亲的养育之恩。他的一片孝心，值得我们学习效仿。

永远的账单

现在看来，那是一种很幼稚的行为，而当时，他确确实实是那样想的，那样做的。

那是若干年前，那时的山村比现在更穷，那一年，穷苦的山沟竟出了一个中学生，这就奇了，更奇的是，这个学生每天要赶二十里的山路到村中学去读书呢。

学校没有食堂，学生便日吃两餐。山里的冬天来得早，也许是日头短，来不及做早饭吧，公鸡刚叫两遍，学生便怀揣一只大红薯，踏着早霜上路了。中午，同学和老师回到附近的家里去吃饭，只有这个学生守校，将那只红薯放在火旁烤一烤，权作中餐充饥。

这样大约吃了两个月。学生吃尽了家里的红薯后，不得不打消了吃中餐的念头，每天中午靠在火坑上，捧着书读。

红红的火苗映照着那张又瘦又黑的小脸庞，学生忍着辘辘饥肠，全神贯注地读书写字。

一日中午，班主任岳老师来得特别早。他来到学生跟前，轻轻问："你天天中午不吃饭吗？"

学生从书中惊醒，不好意思地说："晚上多吃一碗就补过来了。"

岳老师摇摇头："如果一顿饭能解决问题，人为什么吃三餐？这样吧，你中午到我家吃饭去。"

"不，不！"学生的脸更红了。学生知道，家太穷，还不起老师的情。

"我知道你不好意思，你这样用功，长大了肯定有出息。等你有出息了，你再还我行不？"

"岳老师，一顿饭收多少钱？"学生当真了。

"饭收一毛，菜收一毛，这样吧，一天按两毛收行不行？"岳老师慈祥地笑着说。

学生也点头笑了。他想：这是合情合理的事，正如借债还钱一样。

这样，每到中午，他就跟岳老师去他家。岳老师的家也穷，孩子也多，吃得不比他家好，但饭香。饭后，他在他辟了专栏的日记本上记下了他吃饭的天数和款项：某月某日，两角……

三年来，他一共欠了老师三百多元。

学生没有辜负老师和家长的希望，考上了师范学校，三年后又参加了工作。当他怀揣第一个月的工资，回到母校找岳老师时，得到的消息竟是：年近六十，患有心脏病的岳老师，已经与世长辞了。

他匆匆赶到老师家，却再一次扑空，邻居告诉他：老师的家已搬回原籍了。

失魂落魄的他又找到了岳老师的坟墓。此刻，还债的事已使他满脸通红和愧疚，他羞于启齿。他久久地伫立在芳草萋萋的墓前，泪流满面，最后才喃喃地说了一句："恩师，我知道怎样热爱自己的工作了。"

处世一点通

岳老师用一种特殊的方法，既救济了贫困的学生，又保持了学生的自尊心，以至于学生在工作后，还抱着“还债”的心理。而实际上，老师的“恩”是无法报答的，他给学生的是一种高尚的美德，是为人处世的方法。这种美德是代代相传的，是不计较回报的。而回报的最佳方式，莫过于向老师那样去做人做事。

8. 付出关爱，用真情换来温暖

在我们的成长过程中，始终离不开父母和他人的关心，可以说，是爱将我们托起来。同样，我们也要从小学会付出自己的关爱，和大家共同营造一个温暖和谐的美好人间。一位名人说过：随处撒播你的爱心，就从对你的家人开始，多一分关爱给你的父母，你的朋友，然后你的邻居……，让每个接近你的人都有如沐春风的感觉。

拯　救

一天黄昏，瑞祥在海滩边漫步，忽然看见远处有一个人在不停地蹲下、起立，然后再甩手，好像在跳舞似的。走近些时，他发现原来是一位当地人在沙滩上拾起一些东西，然后用力地抛到海里去。

他觉得很好奇，便再走近些，他看清楚原来这人在不停地拾起由潮水冲到沙滩上的鱼，用力地把它们抛回大海去。

他好奇地走过去问："晚安！朋友，你在干什么？"

那人说："我把这些小鱼抛回海里。你看，现在正是退潮时，沙滩上这些鱼全是被潮水冲到岸上来的，如果不把它们送回大海去，这些鱼很快便会因缺氧而死去！"

"可是，这海滩有数不尽的小鱼，你是不是有能力把它们全部送回大海呢？如果你真能做到，试想，这海岸还有很多海滩，你又哪有这么多工夫去处理呢？你可知道你所做的事情作用不大啊！"

那人微笑着，没有理会，继续拾起另一条鱼，一边抛一边说："但起码我改变了这条鱼的命运呀！"

处世一点通

当有人需要帮助时，你是感叹无能为力而袖手旁观，还是抱着尽力而为的态度认认真真地去做呢？古人说："勿以恶小而为之，勿以善小而不为。"生活中，确实有许许多多的人需要我们伸出救援之手，也有许许多多的事，需要我们助一臂之力。也许我们的能力有限，但是，只要人人都有献出一份爱心，就能汇成一片爱的海洋，汇成一股股爱的暖流。哪怕我们做的是杯水车薪的事，也不要退却，因为每一个被困的"鱼"都在乎你的救助！

真正的强者

5 岁的贝拉和爸爸妈妈哥哥一起到森林干活，突然间下起雨来，可是他们只带了一块雨披。爸爸将雨披给了妈妈，妈妈给了哥哥，哥哥又给了贝拉。

贝拉问道："为什么爸爸给了妈妈，妈妈给了哥哥，哥哥又给了我呢?"爸爸回答道："因为爸爸比妈妈强大，妈妈比哥哥强大，哥哥又比你强大呀。我们都会保护比较弱小的人。"贝拉左右看了看，跑过去将雨披撑开来挡在了一朵风雨中飘摇的娇弱小花上面。

处世一点通

在家庭里，父母照顾子女，子女关心老人；在社会上，有能力的人帮助没有能力的人，富有的人帮助贫困的人；在学校里，男同学帮助女同学，高年级学生帮助低年级学生……真正的强者不在于他有多大力气，或者多有钱，而是他对别人有多大帮助。责任感可以让我们将事情做完整，爱可以让我们将事情做好。

总有可爱之处

有一个家庭从人寿保险中获得了十万元赔偿。母亲认为这笔钱可以让全家过上好日子，起码能住进一所好房子。女儿则想利用这笔钱去实现念大学的梦想。

然而，儿子却提出一个难以拒绝的要求。他乞求获得这笔钱，好让他和“朋友”一起开创事业。他告诉母亲，这笔钱可以使他功成名就，并让大家生活好转。他答应只要得到这笔钱，他将补偿家人多年来忍受的贫困。

母亲虽感到不妥，还是把钱交给了儿子。她承认他从未有过这样的机会，他配获得这笔钱的使用权。

然而，他的“朋友”很快就带着钱逃之夭夭了。失望的儿子只好带着坏消息，告诉家人未来的理想已被偷窃，美好生活的梦想也成为过去。妹妹用各种难听的话讥讽他，用每一个想得出来的字眼儿来责骂他。她对兄长生出无限的鄙视。

当她骂得差不多时，母亲插嘴说："我曾教你要爱他。"

女儿说："爱他？他已没有可爱之处。"

母亲回答："总有可爱之处。你若是不学会这一点，就等于什么也没学到。女儿，你觉得什么时候最应该去爱人：当他们把事情做好，让人感到舒畅的时候？若是那样，你还没有学会，因为那还不到时候。不，应当在他们最消沉，不再信任自己，受尽环境折磨的时候。孩子，衡量别人时，要用中肯的态度，要明白他走过了多少高山低谷，才成为这样的人。"

处世一点通

面对别人的不幸，我们是冷笑或责骂，还是安慰或同情？"你觉得什么时候最应该去爱人：当他们把事情做好，让人感到舒畅的时候？若是那样，你还没有学会，因为那还不到时候。不，应当在他们最消沉，不再信任自己，受尽环境折磨的时候。"这位母亲说得真好！当一个人处在低潮时，送去自己的温暖，那才是真正的关爱，也就是"患难见真情"的意思。所以说，人在最困难的时候，也就是考验人际关系的时候。

孔融让梨

东汉时，有个叫孔融的小孩，他有哥哥，也有弟弟，兄弟们常常为争抢好吃的而吵闹。

孔融4岁时，有一天父亲买来一些梨放在桌上，让孩子们自己挑选。那些大大小小的梨黄澄澄的，散发着淡淡的清香，好诱人啊！孔融这次第一个拿梨，只见他伸出小手，专门挑了最小的一个。父亲奇怪地问："孩子，你为什么不拿大梨而挑小的呢？"孔融歪着小脑袋，天真地说："我年纪小，应该吃小的，大的留给哥哥吧。"父亲又问："那弟弟们不是比你更小吗？"孔融说："跟弟弟相比，我是哥哥，大的应留给弟弟。"父亲听了孔融的话，高兴地竖起了大拇指。而他的哥哥们却惭愧地低下了头。

处世一点通

谦让是一种优秀品质，它的特点就是设身处地为别人着想。在我们的生活中，同学、朋友之间常常发生一些小冲突，其中许多就是因为缺少"谦让"导致的。遇到分歧，如果双方都争强好胜、自以为是、互不妥协，就很难协调一致，避免矛盾。古代的孔融都能做到懂礼、谦让，今天的我们就更应做到了。

爱在眼神里

一天，一位老人站在河边等候过河。当时天气很冷，又没有桥，他只好想办法跟别人共骑一匹马到达对岸。等待了一段时间，他终于看到一群骑马的人来了。他让第一个通过，然后第二个、第三个、第四个，以及第五个也顺利通过了。最后，仅剩下一个骑马的人了。他来的时候，老人看看他说："先生，你能不能让我跟你一起骑马过河呢?"骑马的人不假思索地说："当然可以，请上来吧!"

过河之后，老人就滑到地面站好。离去之前，这位骑马人说："老人家，我注意到你让所有其他骑马的人通过，而没有要求他们。但是，当我来到你面前时，你立刻要求跟我一起骑马。我不解的是，你为什么不要求他们却要求我呢?"

老人平静地回答道："我看他们的眼睛就了解他们并没有爱，我知道要求与他们共骑一马过河是没有用的。可是，我看到你的眼神里有同情和爱心。我知道你会愿意让我跟你一起骑马过河。"这位骑马的人非常谦虚地说："我非常感谢你说的话，非常感谢。"说完，他转身离开了。

处世一点通

人的眼睛是灵魂之窗，透过这个窗口，一个人的内心世界会真实地流露出来。人们愿意接受那些善良人的帮助，却不愿意接受勉强的、虚伪的爱心。所以，我们对别人的爱心，也应该是真诚的、无私的。否则，这不是真正的爱，别人也难以接受。

1 万元 + 爱心

一位五保老人体弱多病，便决定搬到养老院去。老人宣布出售他漂亮的住宅，购买者闻讯蜂拥而至。住宅底价 8 万元，但人们很快就将它炒到了 10 万元，而且价钱还在不断攀升。老人深陷在沙发里，满目忧郁！是的，要不是健康的原因，他是不会卖掉这栋陪他度过大半生的住宅的。

这时，一个衣着朴素的青年来到老人眼前，弯下腰，低声说：“老人家，我也好想买这栋住宅，可我只有 1 万元。可是，如果您把住宅卖给我，我保证会让您依旧生活在这里，和我一起喝茶、读报、散步，天天都快快乐乐的——相信我，我会用整颗心来照顾您！”

老人颔首微笑，把住宅以 1 万元的价钱卖给了他。

处世一点通

1万元买一栋住宅，到底是什么原因使这个普通的小伙子成交了呢？是关爱！爱，足以压倒一切金钱和物质。老人用自己的住宅，换来了一个孝顺的儿子，一个快乐、幸福的晚年，这难道还不值得吗？让我们向这位“衣着朴素”的小伙子表示敬意吧。他的故事告诉我们：爱是无价的，爱心比金钱更重要！

死的勇气

多年前，我曾在史丹福医院担任义工，那时认识了一个叫丽莎的小女孩。她身患重疾，病情十分罕见，唯一能挽回她性命的机会，便是接受5岁幼弟的输血，因为她弟弟也曾罹患此病，后来奇迹般地被救活，现在体内产生出了能对抗病毒的抗体。医生向这个小男孩解释了情况，问他是否愿意输血给姐姐。我见他只迟疑了半秒钟，便深深地吸口气说：“如果能救活丽莎，我愿意。”

输血时，他静静躺在姐姐身旁，见到姐姐双颊恢复红润，他不禁面露微笑。

但接着他收起了笑容，脸色苍白地望着医生，用颤抖的声音问道：“我会马上死掉吗？”

原来他年纪太小，误解了医生的意思，以为要将全身的血都输给姐姐。

从孩子身上，我学到了什么叫勇气。因为我见到了一个榜样。

处世一点通

为了姐姐的康复，小男孩勇敢地面对生死的考验。这是爱的勇气，是付出生命的勇气。如果一个人愿意以自己的生命去换取亲人的生命，这种深沉的爱，何止千钧的力量！尽管是一次误解，但小男孩无疑通过了这场考验。

为了一口水

在西部某沙漠地区，每人每天的用水量严格地限定为4斤，这还得靠驻军从很远的地方运来。日常的饮用、洗漱、洗菜、洗衣，包括喂牲口，全部依赖这4斤珍贵的水。

一天，一头老马渴极了，它挣脱了缰绳，强行闯入一条运水必经的公路。运水的军车来了，老马迅速地冲上公路，军车一个紧急刹车戛然而止。老马沉默地立在车前，任凭驾驶员如何喝斥驱赶，就是不肯挪动一步。

时间慢慢过去了，双方依然僵持着，以致造成了堵车，后面的司机开始骂骂咧咧，性急的甚至试图点火驱赶，可老马却不为所动。

不久，马的主人来了，恼羞成怒的主人扬起长鞭狠狠地抽打在瘦骨嶙峋的马背上，马被打得皮开肉绽、哀声叫唤，但它还是不肯让开。鲜血渗了出来，染红了鞭子，老马的凄厉叫声和着沙漠中阴冷的酷风，显得分外悲壮。一旁运水的战士哭了，骂骂咧咧的司机哭了，最后运水的战士说："就让我违反一次规定吧，我愿意接受处分。"他从水车上取出半盆水——刚好4斤左右，放在老马面前。

出人意料的是，老马没有喝这以死抗争得来的水。而是对着夕阳，仰天长啸，似乎在呼唤什么。突然，不远的沙漠背后跑来一头小马，受伤的老马慈爱地看着小马贪婪地喝完水，伸出舌头舔舔小马的眼睛，小马也舔舔老马的眼睛。静默中，人们看到了母子眼中的泪水。没等主人吆喝，在一片静寂无语中，它们掉转头，慢慢往回走。

在场所有的人似乎都恍然大悟了，泪水顺着他们的脸颊再一次流淌下来。

处世一点通

母爱，是大自然的通用法则，是绝大多数动物得以繁衍生息的最可靠保证。试想，如果没有母亲的无私呵护，幼小无助的生命如何度过一生中的最初时期？爱是无私的，也是无畏的。爱足以战胜一切困难、危险和苦难，甚至死亡。由此我想到了人类，也许由于种种原因，父母并不能给我们最好的穿着、最好的教育、最好的生活环境，可是，我们现在所能拥有的，都是父母用心创造的。尤其是那些生活在贫困地区的父母们，他们一辈子付出的艰辛更多，但他们默默地承受着这些艰辛，而把希望留给自己的孩子。

鱼眼里的情

金瑜第一次与男友——不，是前男友——在一家淡水鱼餐馆吃饭时，她刚大学毕业，很矜持，话很少，只低低地笑。

一条鱼，一条叫不出名字的鱼，是那天饭桌上的唯一一个荤菜。鱼身未动，男友先搛起鱼眼放到金瑜面前："喜欢吃鱼眼吗？"

金瑜不喜欢，而且金瑜也从来不吃鱼眼，但却不忍拒绝，羞涩地点了点头。

男友告诉金瑜，他很喜欢吃鱼眼，小时候家里每次吃鱼，奶奶都把鱼眼搛给他吃，说鱼眼可以明目，小孩吃了心里亮堂。可奶奶死了后，再也没有人把鱼眼搛给他了。

"其实想想鱼眼也并没有什么好吃的，"男友笑着说，"只是从小被奶奶娇宠惯了，每次吃鱼，鱼眼都要归我。以后，就归你了，让我也宠宠你。"男友深深地凝视着她。

金瑜想不明白，为什么鱼眼就代表着宠爱？明不明白无所谓，反正以后只要吃鱼，男友必会把鱼眼搛给她，再无限怜爱地看着她吃。

慢慢地，金瑜习惯了，习惯了每次吃鱼之前都娇娇地翘起小嘴等着男友把鱼眼搛给她。

分手，是在一个寒冷的冬天。那时男友已在市区买了一所房子打算结婚了。金瑜哭着说自己不能，不能在这个小城市过一生，她要的生活不是这样的。余下的话金瑜没有说。因为金瑜美貌，因为金瑜富有才华，金瑜不甘心在这个小城市呆一辈子，做个小小的公务员，金瑜要如男人一样成功，要做女强人，要实现年少时的梦想。

他送金瑜走时，金瑜连头都没有回一下，走得很决绝。

在外面拼搏多年，金瑜的梦想终于实现了。她已经拥有一家像模像样的公司了，可爱情始终以一种寂寞的姿态存在，她发现自己根本就再也爱不上谁了。

这么多年在外，每有宴席必有鱼，可再也没人把鱼眼搛给金瑜了。金瑜常常在散席离开时回头看一眼满桌的狼籍，与鱼眼对视。

一次特别的机会，金瑜回到了曾经生活过的那个小城。昔日的男友已经为人夫了，金瑜应邀去那所原本属于自己的房子里吃晚餐。

他的妻子做了一条鱼，他张罗着让金瑜吃鱼，搛起一大块细白的鱼肉放到金瑜碟子里，鱼眼给了他的妻子。

这么多年，无论多苦多累都没有掉过眼泪的金瑜，忽然就哭了。

处世一点通

人是需要感情滋润的，而造物主也给了人种种享受感情的机会：小时候，受父母亲人的宠爱；成年以后，受爱情的滋润；老年时，又受儿女的孝敬。然而，许多人却没有享受到应该享受的情感，究其原因，他们重事业而轻生活，重理想而轻生活。他们最后也许实现了自己的理想，也许成就非凡，不幸的是，在情感方面却是贫困者。这样的人生，并不是圆满的人生。

女子的坚贞

1141年，巴伐利亚公爵沃尔夫被困在了他的温斯堡中。城堡之外是康纳德国王的军队。

这次围攻已历时数月，沃尔夫知道现在他只能投降了。信使开始在两军之间穿梭，投降的条款列出来了，条件被应允了。沃尔夫和他的军官们开始准备将自己交给死敌。但是温斯堡里的女人们还没打算放弃一切。她们给康纳德国王送去音讯，要求许诺保证温斯堡内所有女人的安全，并允许她们离开时带走她们双手能够带走的所有珍贵的东西。

她们的要求被接受了。接着，城堡的大门打开了。女人们走了出来，城堡外所有的人都大吃一惊。她们手里拿的不是金子，也不是珠宝。每个女人的腰都弯得低低的，实在是不堪她们双手抱着的男人的重负。她们要救出自己的男人，不能让自己的男人受到这支胜利的军队的报复。康纳德这位慷慨而仁慈的国王被这一壮举感动得流下了眼泪。他立即就答应这些女人，保证她们丈夫的安全与自由。接着，国王邀请所有的人参加宴会，并与巴伐利亚公爵签订了和平条约。

此后，温斯堡更名为韦博图山，韦博图在德语中的意思是女子的坚贞。

处世一点通

爱不仅能感动普通人，也能征服敌人。因为，人类崇尚爱心、赞美爱心，把爱视为所有生灵万物的共同美德。爱能感化铁石心肠，能消融三尺寒冰，能让硬汉低头，能化干戈为玉帛。面对爱心，一切仇恨将变得不堪一击。

心灵的温暖

两只野鸡感到非常绝望，因为每次它们蹲坐在自己生下的蛋上时，蛋都会被压碎。

有一天，它们决定去向父母请教，它们的双亲居住在森林的另一边。

它们跑了好几天，最后终于到达了它们的老母亲的巢。

“妈妈，”它们说，“我们是来向您请教该怎样来孵我们的蛋，每次我们一坐在它们上边，它们就破碎了。”

母亲听完了它们的话，回答道：“你们应该用另一种温暖。”

“那是什么?”年轻的野鸡问道。

母亲告诉它们：“那就是心灵的温暖，你们应该以无限的爱望着你们的蛋，心里想着里面每一个细小的生命正成长，警觉和耐性会令它们醒来的。”

两只年轻的野鸡动身回家了。当那雌鸡生下一只蛋，它们就满怀爱心地守着望着它，从不放松警惕。当它们两个都精疲力竭之际，那蛋开始

"咯嗒"、"咯嗒"作响，然后裂了开来，一只小野鸡便把头从蛋壳里探出来了。

处世一点通

心灵的温暖、爱心的呵护会产生持久的耐心和细心。如果一个人满怀爱心，就会焕发无穷的动力和火热的激情，就会用心去做自己的事情，也就没有做不成的事情。因为，这时你已经不是在机械地从事一件工作，那里面饱含着自己的感情和希望，怎敢大意和不专心呢？

计算年龄的方法

一天，菩萨问自己的门徒："徒儿，你有多大年纪了？"

门徒回答说："5 岁。"

菩萨感到惊讶说："5 岁？你看起来至少有 70 岁，却为什么说自己只有 5 岁呢？"

门徒回菩萨的话说："我这样说，是因为静心之光 5 年前进入了我的生命，唯有在过去的 5 年内，爱才在我的生命中开放出来。在那之前我的生命就好像是一个梦，我生活在睡梦里，因此当我在数我的年龄的时候，就没有考虑那些年数。我怎么能够考虑呢？我真正的生命在 5 年前才开始，所以我只有 5 岁。"

菩萨让所有的徒弟好好想想这个门徒的回答。

“你们都应该以这种方式来计算你们的年龄，这是计算年龄的标准。如果爱和静心尚未在你内心诞生，到目前为止，你的生命是无效的，你尚未出生。”

处世一点通

菩萨讲究博爱，因为有爱，人们的目光变得慈悲，胸怀变得博大宽广；因为有爱，人们对世界关怀，努力善待一切生命；因为有爱，人们克制自己，宽容他人。作为一个普通的人，如果我们缺乏爱心，势必对世界充满冷漠，对他人的疾苦无动于衷，所作所为必然超出合理合法的范畴。

爱是一种信念

1987 年夏天，一场大地震在不到 4 分钟的时间里，使这座城市的 30 万人受难。在一栋废墟中，一个年轻的父亲安顿好受伤的妻子，便冲向他 7 岁儿子的学校。他眼前，那个昔日充满孩子们欢笑的漂亮的 3 层教学校已经坍塌。

他顿时感到眼前一片漆黑，大喊：“马蒂尔，我的儿子！”跪在地上大哭了一阵后，他猛地想起自己常对儿子说的一句话：“不论发生什么，我总会跟你在一起！”他坚定地站起身，向那片废墟走去。

他知道儿子的教室在一层左后角处，他疾步走到那里，开始动手。在他清理挖掘时，不断有孩子的父母急匆匆地赶来，哭喊过后，他们绝望地离开了。有些人上来拉住这位父亲说：“太晚了，他们已经死了。”这位父亲双眼直直地看着这些好心人，问道：“谁愿意来帮助我？”没人给他肯定的回答，他便埋头继续挖。救援人员也挡住他：“太危险了，随时可能起火爆炸，请你离开。”

但这位父亲心中只有一个念头：“儿子在等着我。”

他挖了8个小时、12个小时、24个小时、36个小时，没人再来阻挡他。他满脸灰尘，双眼布满血丝，浑身上下破烂不堪，到处是血迹。到第38个小时，他突然听到底下传出孩子的声音：“爸爸，是你吗？”

是儿子的声音！父亲大喊：“马蒂尔，我的儿子！”

“爸爸，真的是你吗？”

“是我，是爸爸，我的儿子。”

“我告诉同学们不要害怕，说只要我爸爸活着就一定来救我，也就能救出大家。因为你说过不论发生什么，你总会和我在一起！”

“你现在怎么样？有几个孩子活着？”

“我们这里有21个同学，都活着！我们都在教室的墙角，房顶塌下来架了个大三角形，我们没被砸着。”

父亲大声向四周呼喊：“这里有21个孩子，都活着！快来人！”

过路的几个人赶紧上前帮忙。

50分钟后，一个安全的小出口开辟了出来。

父亲声音颤抖地说：“出来吧！马蒂尔。”

“不，爸爸。先让别的同学出去吧！我知道你会跟我在一起。我不怕。不论发生什么，我知道你总会跟我在一起。”

这对了不起的父子在经历了巨大的磨难后无比幸福地紧紧地拥抱在一起。

处世一点通

爱是一种信念，在人最沮丧最失望的时候，它能为你注入无穷的力量，让你去改变一切。爱心能让沙漠出现绿洲，让荒原长出参天大树，让死神望而却步，让许许多多不可思议的事变成现实。许多人间奇迹，都是爱创造的；没有爱，世界将陷为一片黑暗和冷漠之中。

爱创造的奇迹

数十年前，一位大学教授曾让自己的学生到一个贫民窟调查100名男孩的成长背景和生活环境，并对他们未来的发展做一评估，每个学生的结论都是：毫无出头的机会。

数十年后，另一位教授发现了这份研究，他叫学生做后续调查，看昔日这些男孩今天状况如何。结果，根据调查，除了有20名男孩搬离或过世，剩下的80名中有76名成就非凡，其中担任律师、医生或商人的比比皆是。

这位教授在惊讶之余，决定深入调查此事。他拜访了当年曾受评估的年轻人，跟他们请教同一个问题：“你今日会成功的最大原因是什么？”结果他们都不约而同地回答：“因为我遇到了一位好老师。”

这位老师目前仍健在，虽然年迈，但还是耳聪目明，教授找到她后，问她到底有何绝招，能让这些在贫民窟长大的孩子个个出人头地。

这位老太太眼中闪着慈祥的光芒，嘴角带着微笑回答道："其实也没什么，我爱这些孩子。"

处世一点通

爱就这样改变了孩子的命运！原来，人是可以改变的，是可以成功的，即使是铁树也会开花！而改变这一切的，是老师的爱心！爱的力量如此神奇！我们虽然不能详细了解那位老教师是如何施爱于孩子的，但我们能想象到爱是如何改变孩子的，从自卑到自信，从懦弱到自强，从平庸到不凡……这一切都是在老教师的无私关爱中发生的。

仁爱胜于聪明

9 岁那年，布朗斯随爷爷奶奶外出旅游。旅游途中，他看到一条反对吸烟的广告上说："吸烟者每吸一支烟，他的寿命就缩短两分钟。"正好他的奶奶也吸烟，而且有着 30 年烟龄。于是，布朗斯自作聪明地开始计算奶奶吸烟的次数。计算的结果是：奶奶的寿命将因吸烟而缩短 16 年。当他得意地把这个结果告诉奶奶时，奶奶伤心地放声大哭起来。

爷爷见状，便把布朗斯叫下车，然后拍着他的肩膀说："孩子，总有一天你会明白，仁爱比聪明更难做到。"爷爷的这句话虽然只有 19 个字，却令布朗斯终身难忘。

处世一点通

自作聪明的人，并不是一个有智慧的人。因为，一味地耍小聪明，就会不计后果，变成一个糊涂的人。糊涂的人，并不一定是傻子，也许也是一个很聪明的人，只是，他不明白什么该做，什么不该做，什么时候该做，什么时候不该做。有时候，暂时收敛自己的小聪明，给人以仁爱和体恤，更显得有价值。

友谊需要呵护

多年来我目睹过不少友谊褪色——有些出于误会，有些因为志趣各异，还有些是关山阻隔。随着人的逐渐成长，这显然是无可避免的。

有一天，我去看另一个老朋友，他是一位心理学教授，长期为人解决疑难问题。我们坐在他那间有上千本藏书的书房里，海阔天空地从3G时代谈到霍金饱受折磨的一生。

最后，我们谈到友谊，谈到今天的友谊看起来多么脆弱。

“人与人之间的关系非常奥妙，”教授说，两眼凝视窗外青葱的山岭，“有些历久不衰，有些缘尽而散。”

他指着临近的农场慢慢说道：“那里本来是个大粮仓，就在那座红色木框的房子旁边。

“那座粮仓本来很坚固，大概是1870年建造的。但是像这一带的其他地方一样，人们都去了中西部，这里就荒芜了。没有人定期整理粮仓，屋顶无人修补，雨水沿着屋檐而下，滴进柱子和大梁内。

“风暴过后，我走下去一看，那些美丽的旧橡木仍然非常结实。我问那里的主人是怎么一回事。他说大概是雨水渗进了连接榫头的木钉孔里。木钉腐烂了，就无法把巨梁连起来。”

我们凝视山下。粮仓只剩下原是地窖的洞和围着它的紫丁香花丛。

教授说他不断想着这件事，终于悟出了一个道理：不论你多么坚强，多有成就，仍然要靠你和别人的关系，才能够保持你的重要性。

“要有健全的生命，既能为别人服务，又能发挥你的潜力，”他说，“要记着，无论你有多大力量，都要靠与别人互相扶持，才能持久。自行其道只会垮下来。”

“友情是需要照顾的。”他又说，“像粮仓的顶一样。想写而没有写的信，想说而没有说的感谢，背弃别人的信任，没有和解的争执——这些都像是渗进木钉里的雨水，削弱了木梁之间的联系。”

教授摇摇头，不无深情地说：“这座本来好好的粮仓，只需花很少工夫就能修好，现在也许永远不会重建了。”

处世一点通

友谊，需要真情来呵护，需要信任来焙烤，需要耐心来维持。友谊是在相互碰撞中产生的，也需要在相互碰撞中磨擦出火花，不断发光发热。没有呵护的友谊，就像一潭静静的清水，开始虽清亮见底，时间一久就会发酸发臭。这时，就必须把它变成活水，不断注入新鲜源泉，才能永远保持清澈。

马驴共事

有一个人用一匹马和一头驴来运载货物。他总是习惯先把大部分货物都放在驴身上，直到压得驴走不动，才放一些在马身上。所以，每一次赶路，马总是驮着很轻的货物得意洋洋地走在前头。

一天，驴又驮了很重的货物，因为最近几天驴的状态一直不太好，所以它对马说："马兄弟，你帮我背些货物好不好？这些货物简直要把我压垮了。"马听了，扬了扬后蹄，说："我才不背呢，谁乐意吃苦呢？再说了，这是主人安排的活儿，干嘛让我干？"驴只好默默地前进，可是走了不久，驴终于筋疲力尽，倒在地上再也起不来了。

主人看到驴已经死了，只好把原来驴身上的货物全部放到马背上，连死驴也让它驮着。

处世一点通

人和人共事，要互相关照，互相帮助，切勿自私自利，看到别人比自己辛苦就不闻不问，甚至幸灾乐祸。那样的话，说不定会连累了自己。要知道，"人人为我，我为人人"，帮助别人，其实就是帮助我们自己。

拘耆和猕猴

一片茂密的森林中住着一只鸟，名字叫拘耆。拘耆有一个好朋友，是一只猕猴，它们经常一起在森林中游戏。

春天来了，拘耆在森林中生下了孩子。它在一棵大树上为孩子们建起了温暖的巢穴。

一天，天气温暖晴朗，拘耆让孩子们在巢穴中等着，自己飞出去为孩子们觅食。

林中有一条毒蛇，它窥伺拘耆的孩子们已经很久了。这天，它一看到拘耆飞出去，便迫不及待地爬上了树。

巢穴中，几只羽翼未丰的小鸟正沐浴着温暖的阳光，“吱吱喳喳”地笑闹，谁也没有想到危险正在降临。

毒蛇爬上树，探头伸进鸟巢，一口便吞掉了一只小鸟。其他的鸟被这突如其来的灾难惊呆了。毒蛇又吞掉了一只小鸟，鸟儿们才回过神，可是它们还都不会飞，只好惊慌地挤作一团。

毒蛇一只只地吞食着小鸟，一时间，巢里巢外，羽毛乱飞，血肉模糊，狼藉一片。几条小生命很快都断送在毒蛇口中。

过了一会儿，拘耆衔着孩子们爱吃的虫子高高兴兴地回来了。当它看到血迹斑斑的空鸟巢时，悲痛得心都要碎了。

晚上，拘耆的好朋友猕猴出门归来。它看到拘耆正悲痛地哭泣，忙问它发生了什么事。拘耆痛苦地回答：“毒蛇乘我出去的时候，把我的孩子全都吃掉了。”

猕猴听了拘耆的话，非常痛恨那条贪婪、残暴的毒蛇，它对拘耆说：“你不要悲伤，我一定想办法惩治这个坏家伙，让它得到应有的报应。”

一天，猕猴看到毒蛇懒洋洋地爬出洞口，便纵身跳到了蛇的面前搔扰它。只见猕猴一会儿左、一会儿右，一会儿上、一会儿下，灵活地在毒蛇面前跳来跳去。

毒蛇被激怒了，便“呼”地一下扑向左，又“呼”地一下扑向右，想用那笨拙的身体缠住猕猴。可是，毒蛇用尽了全力，怎么也缠不住猕猴，急得怒火中烧，却百般无奈。

猕猴见毒蛇累得精疲力竭，便乘机死死地抓住它的头，狠狠地往大石头上摔去。把毒蛇摔昏了以后，又抓住它的头，拼命地在大石头上磨。一会儿，毒蛇就被磨得头破血流，一命呜呼了。

猕猴为它的好朋友拘耆报了仇。从此，两个好朋友更加亲密，在森林中快乐地生活着。

处世一点通

真正的朋友，不仅在彼此困难的时候互相帮助，在危急的时刻助一臂之力，也会同仇敌忾，为朋友挺身而出。当朋友遭遇伤害时，主动为其分忧，并替朋友主持公道。因此，朋友应该是亲人之外的另一个“自己人”。但是，需要注意的是，为朋友“两肋插刀”，要讲原则，讲正义，不能盲目。毒蛇伤害了拘耆的孩子，是十恶不赦的，猕猴为朋友除掉毒蛇，才真正显出这件事的价值和意义。

1 元钱的奇迹

8 岁的珍珍听到她的父母正在谈论弟弟的病。只听爸爸绝望地对泪流满面的妈妈说："现在，只有奇迹才能救他了。"珍珍便回到她的卧室里，把藏在壁橱里的猪形储钱罐拿出来。她把里面的零钱全部倒在地板上，仔细地数了一遍。

然后，珍珍把这个宝贵的储钱罐紧紧地抱在怀里，从后门离开了，来到当地的一家药店里。她从她的储藏罐里拿出 1 元钱，放在玻璃柜台上。

"你想要什么？"售药人员问。

"我是来给我的小弟弟买药的，"珍珍回答道，"他病得很厉害，我想为他买一个'奇迹'。"

"你说什么？"售药人员问。

"我弟弟脑子里长了一个东西，我爸爸说只有'奇迹'才能救他。请问，一个'奇迹'需要多少钱？"

"我们这里没有'奇迹'，孩子。我很抱歉。"售药人员遗憾地对珍珍说。

"怕我没有钱吗？我有钱买它。如果这些钱不够，我还可以再想办法多弄些钱。拜托你告诉我它需要多少钱？"

此时，走过来一位衣着讲究的顾客。他俯下身问珍珍："你的弟弟需要什么样的奇迹呢？"

"我不知道，"她抬起含泪的双眸看着他，"他病得很重，妈妈说他需要做手术，但是爸爸付不起手术费，所以我把攒下来的零花钱全部拿来买‘奇迹’。”

“你有多少钱？”那人问。

“1元，不过我还可以想办法多弄到一些钱。”她的声音轻得几乎听不见。

“噢，真是巧极了，”那人微笑着说，“1元——这正好是你的小弟弟需要的‘奇迹’的价钱。”

他一只手接过珍珍的钱，另一只手牵起她的小手。他说：“快带我到你家里去吧。我想看看你的小弟弟，见见你的父母。让我们来看一看我是不是有你需要的那个‘奇迹’。”

这位衣着讲究的人正是著名大夫杨传宁教授。他免费为小男孩做了手术。手术后没多久，小男孩就回家了，并很快恢复了健康。

“那个手术，”珍珍的妈妈轻声说，“真是一个奇迹。我想知道它到底值多少钱？”

珍珍微笑了。她知道这个奇迹的确切价格——1元钱，加上一个8岁小女孩的坚定信念！

处世一点通

是什么打动了那位著名的医生？是一个8岁女孩的挚情和诚心！正是这颗真诚美好的心灵创下了一个“奇迹”。真诚纯洁的心灵，需要坚定的信念来塑造，需要善良和爱心来维护。相信真诚的力量吧，一颗真诚的心一定会打动别人，当真诚和真诚融合在一起时，奇迹就会产生，美好就会创造，人间就会充满温情，生活就会变得迷人。

童年的转笔刀

兄弟分家的那一年，大哥站在三间砖房前端详很久，他这一站，大家都明白了是怎么回事。本来，大哥已经结了婚，而我却是一位未婚青年，把好一点的房子分给我，便于物色对象，完全合情合理。然而大哥却不这样想，他将砖房摸了一遍又一遍，然后对我说："老五，这房子是我一块砖一片瓦砌起来的，还真舍不得给你呢。"我知道，大哥早早就辍学务农，对家庭的贡献大，为了盖这三间砖房，他出了大力。看着大哥祈求的眼光，我毫不犹豫地说："大哥，这房子理应归你。"

田地承包的那一年，我捷足先登，承包了生产队的一片荒山。我打算签50年合同，用三五年时间把它变成花果山。正当我雄心勃勃准备大干一场时，大哥抱着烟袋来了，在我面前一阵好坐，一个劲儿夸我有眼力，有本领，看得远，说那片山自己早就想包哩，就是没有我的手快；还说他打算在山上栽板栗树，七八年后就能挂果见效益，到那时，人老了，两个侄子也长大了，该娶媳妇了，而有了那些板栗树，还愁个啥呢？……原来，他还想要这片荒山。

明白了大哥的意思，我真有些生气，心说大哥你真不讲理啊。但瞪了半天眼，这气又生不出来，只好沉默。三天后，我咬了咬牙，放弃了承包权，只身一人离开了家乡。

若干年后，我没有捞到世界，垂头丧气地回了家。这时，大哥已经是富甲一方的大果农了，盖了楼房，买齐了家电，看上去越活越年轻，而两个侄子也娶到了如花似玉的媳妇，令人好生艳羡。我前脚进门，大哥就跟来了，手里提着一大包贵重礼品，尽是好烟好酒，说是要陪我喝两盅，感谢我当年转让了承包权。

喝着喝着，大哥突然笑起来，是那种苦笑。大哥说："老五，大家都说我之所以有了今天，全是因为你，说我欺负你老实，本来这财是该你发的呀……"

"大哥，你的意思呢？"

"人言可畏呀！老五，你一定要向乡亲们解释解释，就说你是心甘情愿的。本来嘛，当时你要是不答应，我也没办法。"

大哥呀大哥，事到如今你还不承认你的霸道，又想占便宜又想别人说你好。我压了压心中的火气，停了很久才说：

"大哥，你知道我为啥还要让着你吗？"

"那是为啥？"

我犹豫了一下，站起身，打开多年未曾用过的书柜，从里面翻出一件东西，是用黑布包裹的。我解开锈迹斑斑的黑布，将它搁在大哥面前。大哥眯着眼睛注视了半天，说：

"我当是啥玩意儿，原来是一把小手枪。"

"大哥，你再瞅瞅。"

大哥拿起手枪认真辨认了一会儿，终于明白了："是一只转笔刀呀。老五，不会是小时候我送你的那只吧？"

"大哥，你说的一点也不错，这个转笔刀是你买的。你还记得当年你是怎样买回它的吗？"

大哥点点头，同我一起打开了尘封已久的记忆闸门……

我是6岁时上的学，是班里最小的学生，而且非常调皮。看见别的孩子有文具盒，我要；别的孩子有转笔刀也要，要不到就倒在地上哭嚎。要买，是不可能的，当时我们家是生产队最困难的"缺粮户"，一分钱也要掰两半花。大哥用业余时间给我做了一个木文具盒，总算哄住了我。

一天，生产队派大哥进城买机器零件。买完零件后，还剩下回家的车费，正在这时，大哥发现了一只转笔刀——就是那只手枪造型的转笔刀，这样漂亮的转笔刀，只在城里才有啊。大哥一咬牙，便买了下来，车费因此用去了一大半。坐车已经不可能的了，大哥用剩下的几毛钱买了几个馍揣起来，他横下一条心：步行回家！

城里离家有300里地远，而且还要走山路。大哥一共用了5天时间走路，中间因为饥饿，偷了别人地里的红薯，被抓住打了一顿。最后，大哥实在走不动路了，就倒在地上一步一步地往回爬，爬了整整一个晚上，直到天亮时，一个拾粪老人发现了他，才把他抱回家。一家人看见大哥成了这个样子，都哭了。大哥却没有哭，而是把我叫到跟前，笑眯眯地一只手摩挲着我的头发，一只手从内衣袋里掏出了转笔刀……

讲完这个故事后，我已泪流满面，大哥也唏嘘不已。我擦了擦眼眶，继续说："大哥，你每次提出那些要求，我也知道太过分了。可是，不知怎么的，每次我的眼前都浮现了当年你一步一步爬着回家的身影。大哥，同这件事相比，我还有什么不能放弃的呢？"

大哥突然呜咽起来，他伸出巴掌，照自己的脸就是几下，说："老五，我对不起你，我不是从前的我了！"

我急忙拉住大哥，说："大哥，其实也没什么。小时候，我们兄弟亲如一人，长大了为什么还要分彼此呢？"

这一夜，我和大哥一边喝酒一边聊天，聊到很晚很晚……

处世一点通

生活中不乏这样的例子：小时候，兄弟间两小无猜，相亲相敬；然而，成年后，特别是成家立业后，兄弟间的情谊往往淡了许多，失去了童年的那份纯真。究其原因，是因为生活条件和环境变了，自私的念头抬了头，开始斤斤计较起来。其实，同兄弟姐妹间的友爱和关心相比，一些利益上的是是非非，真的不值什么！还有什么比感情更重要的东西呢？

9. 对人友善，多栽鲜花少种刺

俗话说：多个朋友多条路。与人相处时，要多交朋友，少树敌人；要对人友善，不要态度傲慢；要关心他人，不要冷漠自私。当我们用友好的态度去对待他人时，他人也会回报友好和尊重。如果我们骄傲自负，必然影响个人形象，妨碍人际交往，落得孤家寡人的下场。

一束花的回报

发强在拥挤的车流中缓缓驾车前行。当前面红灯亮时，一个衣衫破旧的小男孩敲着车窗问他是否要买花，他拿出两元钱，但由于绿灯已亮，后面的人正猛按喇叭催促他，因此他有些粗暴地对这个小男孩说："什么样的花都可以，你只要快一点就好。"

那男孩仍然十分礼貌地说："谢谢您，叔叔。"

在开了一小段路后，发强有些过意不去，他粗暴无礼的态度，却得到对方如此有礼的回应。于是他把车停在路边，回头走向那男孩表示了歉意，并且又给了两元钱，要小男孩自己买一束花送给他喜欢的人。这个男孩笑了笑并接受了下来。

然而，当发强再回去发动车子时，发现车子出故障了，发动不起来了。一阵忙乱后，他决定步行找拖车帮忙。正在这时，一辆拖车已经迎面驶来，令他大为惊讶。司机笑着对他说："有一个小男孩给了我四元钱，要我开过来帮你，并且还让我把这张纸条给你。"他接过纸条，打开一看，只见上面写着："这代表一束花。"

处世一点通

经常有人埋怨身边的人不太友好，或因得不到他人的帮助而埋怨世风日下。其实，只要你真诚地对待他人，就会得到他人的真诚回报。这时，你不妨想一想：我们是否对别人很礼貌、很客气？是否替别人着想过？是否对别人露出过微笑？是否热情地帮助过别人？如果我们做到了，相信吧，我们的真诚决不会白费；当我们遇到困难时，真诚的付出才是自救的良方。

一个也没有

龚平是个羞涩而又安静的少年。一天，他回到家里，告诉妈妈他想给班里的每一个同学做一份中秋礼物。妈妈的心沉了下去。她曾看见孩子放学漫步回家的情景：她的龚平总是走在最后面，孩子们说着、笑着，手臂搭着肩膀，而这些孩子里面从来没有龚平。尽管如此，她还是决定遂了孩子的心愿。她买了做卡片的硬纸、胶水和彩色蜡笔。一连三个星期，小龚平费尽辛苦做好了35张红叶卡。

中秋节终于来了，龚平别提有多么高兴了，他小心翼翼地把卡片叠好，放进一个袋子里，飞快地跑出了家门。他的妈妈决定为他烤他最爱吃的甜饼，准备在他放学回家的时候，把这些美味可口、热气腾腾的甜饼连同牛奶一起端放在餐桌上。想到孩子可能得不到什么中秋节礼物——甚至一件也没有——她的心在痛。

下午，她把甜饼和牛奶端到桌子上。一听到孩子们的声音，她就向窗外望去。是的，他们回来了，大声笑着，非常开心 。而龚平依旧走在后面，却比平常走得快些。孩子的手里是空空的——她注意到了。门开了，她咽下泪水。

“妈妈给你准备了甜饼和牛奶。”她说，可孩子却好像没有听见，只是继续大步走过她身旁，脸上放着光，嘴里不停地说道：“一个也没有，一个也没有。”

母亲的心直向下坠。

龚平却又兴奋地说道：“我一个也没有忘记，一个也没有！”

处世一点通

如果给予就想得到回报，给予就不能带来幸福和快乐。因为这样的给予是有条件的。其实，给予，就意味着与人分享：分享自己的成果，分享节日的快乐，分享本身就是一件快乐的事；而在与人分享的同时，别人的快乐也会传染给你，这实际上就是一种回报——精神的回报。所以，为了大家和谐相处，为了纯洁的友谊，应多想着如何给同学快乐，而不是一味想着从同学那里获取物质的回报。

诚恳的空姐

倩玲曾经是一位空姐，她在自己的回忆录里记载了这样一次经历——

有一次，在飞机起飞前，一位乘客请求倩玲倒一杯水吃药。倩玲很有礼貌地说："先生，为了您的安全，请稍等片刻，等飞机进入平稳飞行后，我会立刻把水给您送过来，好吗？"

一刻钟后，飞机早已进入了平稳飞行状态。突然，乘客服务铃急促地响了起来，倩玲猛然意识到：糟了，由于太忙，她忘记给那位乘客倒水了！当倩玲来到客舱，看见按响服务铃的果然是刚才那位乘客。她小心翼翼地把水送到那位乘客跟前，面带微笑地说："先生，实在对不起，由于我的疏忽，延误了您吃药的时间，我感到非常抱歉。"这位乘客抬起左手，指着手表说道："怎么回事，有你这样服务的吗？"倩玲手里端着水，再次致歉。但是，无论她怎么解释，这位挑剔的乘客都不肯原谅她的疏忽。

在飞行途中，为了补偿自己的过失，每次去客舱给乘客服务时，倩玲都会特意走到那位乘客面前，面带微笑地询问他是否需要水，或者别的什么帮助。然而，那位乘客余怒未消，摆出一副不合作的样子，并不理会倩玲。

临到目的地前，那位乘客要求倩玲把留言本给他送过去，很显然，他要投诉倩玲。此时倩玲心里虽然很委屈，但是仍然不失职业道德，显得非常有礼貌，而且面带微笑地说道："先生，请允许我再次向您表示真诚的歉意，无论您提出什么批评，我都将欣然接受!”那位乘客抬起头，嘴里准备说什么，可是却没有开口，他接过留言本，开始在本子上写了起来。

等到飞机安全降落，所有的乘客陆续离开后，倩玲本以为这下完了，没想到，等她打开留言本，却惊奇地发现，那位乘客在本子上写下的并不是投诉信，相反，这是一封热情洋溢的表扬信。

处世一点通

是什么使得这位挑剔的乘客最终放弃了投诉呢？是倩玲在整个过程中所表现出来的真诚的歉意，特别是她的微笑和热情，最终打动了那位挑剔的乘客。可见，真诚的歉意和不变的热情，是化解矛盾的利器，是赢得谅解和宽容的灵丹。当我们不小心冒犯了他人时，想想这位空姐吧，她也许就是你的榜样!

跳皮筋的启示

珍妮初为人师，她的搭档是一位已有两年教龄的男教师。当珍妮很快站稳讲台并在新教师中崭露头角的时候，却发现自己的搭档为人拖拉懒散，无心教学，他们学科的综合成绩可想而知。常常因此被连累而挨领导批评的珍妮愤愤不平，却又不知怎么办好。

这天，郁闷的珍妮到街上去闲逛，偶然发现路边有四个女孩子在跳皮筋。其中一个矮个子女孩在皮筋升到一定的高度后就显得很吃力，每当这时，同一组的另一个女孩子就不得不代她跳，以至于后来那个女孩子每个高度都要跳两次——自己一次，替矮个子女孩一次。

她走过去问：“你的同伴这么差，你何苦还跳得这么卖力呢？”

女孩微笑着回答：“我的同伴确实跳得不是很好，但是，如果我不和她一组，就没人愿意和她一组；同时，也没人愿意和我玩，因为，她们都知道我跳得最好！”

珍妮望着不断上升的皮筋，仿佛明白了什么。

从那以后，珍妮努力拼搏，加班加点，终于使学科的综合成绩有了较大的提高，也由此得到了上级的肯定和同事的信任。

处世一点通

人生是个大舞台，我们不光要做主角，也要做看客。在自己尽情尽兴表演的同时，也要关注别人的表演。为此，我们大可不必向不如自己的人投以抱怨的眼光，而应想方设法把对方融于集体中去，帮助和带动对方，让大家共同进步和提高。毕竟，一花独放不是春，一个人的成功不能算真正的成功，大家共同的成功才是最圆满的成功。

狐狸请客

一天，狐狸请朋友鹤到家里来吃饭。然而，它只是想捉弄一下鹤，并不是真心实意地款待客人。

做饭时，狐狸用豆子煮了一点汤，并把汤倒在一个很扁很平的盘子里。狐狸可以用舌头轻易舔到汤，而鹤就费劲了，每喝一口汤，汤便从它的长嘴中流出来。这时，狐狸就讥笑它说："鹤老弟，你是不是不想喝了？难道汤的味道不够鲜美吗？"说着，狐狸端起盘子，把汤全喝了。

后来，鹤回请狐狸吃晚饭。狐狸早忘了前一次的事，高高兴兴地去赴约。鹤把饭菜装进又高又深的瓶子里，狐狸踮着脚尖，急得满脸通红，就是吃不上，这才想起上次自己招待鹤的情景。

处世一点通

结交朋友，要尊重朋友的不同特点和不同习惯，尽量给朋友提供方便，给朋友无微不致的关怀和照顾，这才是真正的交友之道。如果无视朋友的特殊要求，甚至故意捉弄朋友，必然引起对方的同等对待。归根到底，交友就要用心结交，以诚相待，用义巩固。否则，友谊就不会牢固。

一个半朋友

有一个浪迹天涯的武林中人，临终前对徒弟说："别看我自小在江湖闯荡，结交的人无数，其实我这一生就交了一个半朋友。"

徒弟不解，师傅就交代一番，然后对他说："你按我说的去见见我的这一个半朋友。朋友的要义你自然就会懂得。"

徒弟先去了师傅认定的一个朋友那里，对他说："我是某某的徒弟，现在正被朝廷追杀，情急之下投身你处，希望予以搭救!"这人一听，不加思索，赶忙叫来自己的弟弟，喝令弟弟速速将衣服脱下，让眼前这个并不相识的"朝廷要犯"穿上，而自己徒弟却穿上了"朝廷要犯"的衣服。

徒弟明白了：在你生死攸关时刻，那个能为你两肋插刀、甚至不惜割舍自己骨肉搭救你的人，可以称作你的一个朋友。

徒弟又去了师傅说的半个朋友那里。抱拳施礼，把同样的话述说了一遍。这半个朋友听了，对眼前这个求救的"朝廷要犯"说："孩子，这等大事我可救不了你，我这里给你足够的盘缠，你远走高飞快快逃命，我保证不会告发……"

徒弟明白了：在你患难时刻，那个能够明哲保身、不落井下石加害你的人，也可称作你的半个朋友。

处世一点通

朋友要广交，对人要善待，但绝不可以苛求对方给你同样的回报。善待朋友是一件纯粹快乐的事。如果苛求回报，快乐就大打折扣，而且失望也不可避免。毕竟，你待他人好与他人待你好是两码事，就像给予与被给予是两码事一样，你的善只能感染或者淡化别人的恶，但不要奢想根治。当然，偶尔你也会遇上像你一样善待你的人，你该庆幸那是你的福气，但绝不要认定这是一个常理。因为人生只有一个半朋友。

小虎的伙伴

小虎是虎大王家里的独生子。一天，爸爸妈妈外出觅食，家中只剩下小虎自己，他决定到外面去玩玩。走到林子边，他碰到了小牛，于是他们就一起玩起了捉迷藏的游戏。玩得开心极了。

小虎兴冲冲地跑回家，高兴地对妈妈说："妈妈，今天我找到一个好伙伴——小牛，我们玩了一个下午，可好了！"虎妈妈忙说："你说什么？傻孩子，你居然跟他玩了一个下午？你应该把他吃了，你可知道牛肉的味道有多么鲜美！"小虎低下头说："妈妈，我知道了。"虎妈妈递给小虎一个大麻袋，让他第二天先用这麻袋把小牛套住，然后再吃掉他。

晚上，小虎躺在床上，怎么也睡不着，他想啊、想啊……

第二天一大早，小牛就起床了。他带上妈妈给的长绳，召集了小象、小羊、小鹿、小马等动物，让他们早早地躲在树丛中，只等小牛一声令下，他们便马上出来。

小虎也早早起来了，他带上妈妈给的那个大麻袋，在院子里转了一圈后，向森林走去。走到林子边，小虎看见小牛正低头在那儿吃青草，他赶紧加快了脚步，可没想到，一脚踩上了陷阱，“扑通”一声掉了下去。小牛见了，一边大叫：“大家伙儿快出来。”一边朝小虎跑来。小象、小羊、小鹿和小马，一个个都从树丛中蹿了出来，跑到陷阱边。正想扔石头，小牛却说：“不！我们还是把他救上来吧！虎类现在越来越少，我们也有责任保护珍稀动物呀。”小鹿说：“可他会把我们通通给吃了的。”“不对，我不是来吃你们的。你们瞧！”小虎打开麻袋，只见里面装的竟是满满的一大袋子嫩草。“我想与你们交朋友，所以，我今天特地起了大早，拔了这些草想送给你们……”

小虎还没说完，只见上面垂下一条绳子。“快快拉紧了，小虎！”不一会儿，林子中响起了一阵欢快的笑声。

处世一点通

结交朋友，要以真诚和善意，奉献友谊和爱心。千万不要抱着私利和偏见，更不要在背后算计朋友、伤害朋友。带着功利主义的朋友，是狐朋狗友，因利而交，也因利而散，是不会长久的；如果在背后出卖朋友，更是一种道德所不能容忍的行为，早晚会陷入困境。为了人生的美好，多结交真心朋友吧，只有付出自己的真心，才会交到真心的朋友。

高人的指点

有一位国王是一位明君，他励精图治，想要改变日渐衰落的国力。经过思考，他觉得有三个最重要的问题难以回答。这三个问题分别是：第一，世界上最重要的时间是什么时候？第二，世界上最重要的人是谁？第三，世界上最重要的事情是什么？

国王把这三个问题提了出来，宣布谁能够给他满意的答案，谁就可以获得丰厚的奖赏。

于是，大臣和百姓纷纷献计献策。有的说，要想辨别最重要的时间，必须先列出一个表格；有的说，国家最重要的事是发展教育，培养科学家，尊师重教；有的说，对一个国家来说最重要的人物是领导。

国王对这些答案都不满意。这时，他听说有一个高人非常有智慧，于是亲自去请教他。国王化装成一个普通人，独自一人千里迢迢地找到这个高人，向高人请教这三个问题。

当时高人正在地里忙得满头大汗，根本就没有工夫理会他。国王并不恼怒，而是耐心地和高人一起耕起地来。

夜幕降临了，国王请求在高人家里住一晚，高人同意了。

傍晚，一个受了重伤的人敲开了高人的家门，高人给他开门后就回头进屋呼呼大睡了。国王非常热心地替高人接待了这位伤员，并且给他包扎了伤口。

第二天，伤员告诉国王说："坦白地说，我是你的敌人。我听说你要来拜访高人，便埋伏在你回去的路上准备暗杀你，可是不幸被你的卫士发现了，我寡不敌众，受了重伤，才逃到此地。要不是你如此仁爱地救了我，你已经成为我刀下之鬼了。你是一个好国王，我不会再与你为敌。相反，我决定为你效力，当你的卫士，你愿意吗？”

国王高兴地收下了这个曾经的“敌人”，然后去辞别高人，恳求他解答这三个问题。高人说：“我已经回答你了。”

国王疑惑地问：“你已经回答了？我不明白。”

高人笑着回答：“最重要的时间是现在。你想一想，你来找我的时候，如果不立即帮我耕地，而是掉头就走，很可能被他在中途刺杀；晚上，你要是不热心地为他包扎伤口，你也会毫不设防地死于非命。你两次都把握住了最重要的时间，那就是现在，你说是吗？”

国王恍然大悟，继续问道：“那么，最重要的人怎么讲呢？”

高人说：“最重要的人就是你身边的人，因为你和他们随时随地相互影响。至于世界上最重要的事情，那就是爱心。没有了爱心，前面的两个问题将毫无意义。”

处世一点通

你对人友善，别人也会对你友善。即使你施爱于人的出发点是无私的，但爱神决不亏待你，总是千方百计给予报偿。所以，人们才说：爱别人，就是爱自己；帮别人就是帮自己。退一步来讲，有时候我们献出的爱心可能得不到任何回报，但如果我们不献出爱心，就不可能无缘无故地得到任何回报。

山洞的陷阱

有一个孩子不幸丧母，父亲又给她找了一个后妈。这后妈带了一个小弟弟，并且很嫌弃他，想置他于死地，便想了一个主意，让自己亲生的儿子和那个孩子一起去山洞采蘑菇。

后妈心里明白，那是一个迷宫一样的山洞。里面漆黑一团，进去后很难找到出口。在临走时，她偷偷给亲生儿子一个照明用的小火把，并叮嘱他，当哥哥不在身边时，就点燃火把找到洞口。

这个山洞极深极黑，而且洞中有洞，纵横交错。兄弟俩进了山洞，就像掉进了迷宫一样不分东南西北。不知不觉中二人失散了，彼此看不见，呼喊也不见回音。于是，弟弟便将火把点着，借着火把的亮点在洞中行走，由于有了火把的照明，他能看清脚下的石块及周围的石壁，因而他不会碰壁也不会被石块绊倒。但是，奇怪的是，他走来走去，却总走不出山洞。最终，他又累又饿死在了洞中。而哥哥没有任何照明工具，他只能在黑暗中摸索着前进，他不时地碰壁不时地被石块绊倒，摔得鼻青脸肿。但是，正因为一直处于黑暗之中，所以他的眼睛能够敏锐地感觉到洞口透进来的微弱的光亮，他迎着这缕亮光摸索着爬过去，最终爬出了山洞。

后妈想害人，却害死了自己的儿子。她不明白，正是自己的儿子有了火把照明，才无法看到洞口微弱的光亮，最终没有走出山洞。

处世一点通

有句话，叫做“聪明反被聪明误”。有人的所谓“聪明”，只是根据自己的一厢情愿，为了达到某种不可告人的目的，想象出来的。殊不知，在实施的过程中，情况在不断发生变化，出现许多难以预料的事，结果搬起石头砸了自己的脚，落得自怨、自悔和自悲的下场。所以，好心计不能用在害人上，应用在正道上，即使没达到目的，也是问心无愧的。

鸥鸟忘机

在一个海边上，住着一个喜欢鸥鸟的人。他每天都要到海边，和鸥鸟友好相处，每天飞来和他亲近的鸥鸟就达一百多只。

他父亲知道了这件事后，对他说：“我听说鸥鸟都能跟你友好相处，你抓一只来，给我玩玩。”拗于父命，他只好同意了。

但是，令他意想不到的是，当他第二天再到海边去，鸥鸟就像有所提防似的，只在空中飞，不再下来了。

处世一点通

真诚的友谊，没有私心杂意的交往，是获得信任和亲近的前提条件。一旦这个条件丧失了，友谊为自私所利用，温情的表象蕴藏着杀机，信任也就无处立身了。

许　愿

有两个要好的朋友，决定一起到遥远的菩萨庙拜佛，他们背上行囊，风尘仆仆地上路了。

他们走啊走，走了两个多星期之后，遇见一位年长的和尚。和尚看到这两位朋友千里迢迢去拜佛，就十分感动地告诉他们："这里距离菩萨庙有7天的路程，但是很遗憾，我在这十字路口就要和你们分手了，而在分手前，我要送给你们一个礼物。就是你们当中一个人先许愿，他的愿望一定会马上实现；而第二个人，愿望可以加倍实现。"

听完了和尚的话，其中一个人心想：这太棒了，我已经知道我想要许什么愿，但我绝不能先许，因为如果我先许愿，他就可以有双倍的礼物。这太吃亏了。不行！

而另外一个人也自忖道：我怎么可以先讲，让我的朋友获得加倍的礼物呢？这太不公平了！

于是，两位朋友就开始客气起来，"你先讲吧！""你比我年长，还是你先许愿吧。""不，应该你先许愿。"他们彼此推来推去，"客套"一番后，就开始不耐烦起来，气氛也变了：“烦不烦啊？你先讲啊！”“为什么我先讲？你倒是先讲啊！”

两人推到最后，其中一人生气了，大声说道：“喂，你真是个不识相、不知好歹的家伙啊，你再不许愿的话，我就把你掐死！”

另外一个人一听，他的朋友居然变脸了，竟然来吓唬自己，于是想，你无情，我也无义！我没办法得到的东西，你也休想得到！于是，这个人干脆把心一横，狠心地说道：“好，我先许愿！我希望，我的一只眼睛瞎掉！”

很快的，这位朋友的一只眼睛瞎掉了，而与他同行的好朋友，两只眼睛也立刻都瞎掉了。

处世一点通

狭隘和自私，会扭曲人的心灵，伤害人的感情，结果既害人又害己。所以，我们要学会分享，学会培养宽广的胸怀和豁达的气度。我们还应明白：不付出就不会有回报；不给予就不会有收获。妄图把所有的好处据为己有，根本不考虑别人，不为别人着想，这样好像占了便宜，实则吃了大亏。因为，人心比人心，你给了别人好处，别人会记住你，也会把好处给你。

10. 尊重他人，切莫傲慢和自负

尊重他人是为人处世的根本条件，也是礼貌待人的重要标志；懂得尊重也是我们在成长过程中必须接受的一门课程。在与人相处时，只有尊重别人，才能受到别人的尊重。只有学会尊重与自尊，才能打造良好的人脉关系。只有人人都懂得了自尊与尊重别人，才能提高整个民族的自尊感。因此，我们要处处留意，通过各种方式树立尊重他人的思想意识。

理解小狗的人

一个摊位前树立了一幅广告，上面写着“出售小狗”。这一信息立即把人们吸引住了，一名叫能能的小孩出现在广告牌下，问道：“你的小狗卖多少钱呢?”

“30 元至 50 元不等。”主人回答。

能能从口袋里掏出一些零钱，说：“我有 5 元，请允许我看看它们，好吗?”

摊主笑了笑，吹了声口哨，5 只毛茸茸的小狗便跑了过来。其中一只远远地落在后面。能能立即发现了落在后面的那只一跛一跛的小狗，“那小狗有什么毛病吗?”能能问。

摊主说：“你用不着花钱，如果你真的想要它，我就把它送给你好了。”

能能十分生气，他瞪着店主说：“我不需要你把它送给我。那只狗和其他狗的价值应该是一样的，我会付全价。我现在就要付 5 元，以后每月付 1 元，直到付完为止。”

摊主劝他说：“你真的用不着买这只狗，它根本不可能像别的狗那样又蹦又跳地陪你玩儿。”

听了这话，能能弯下腰，卷起裤腿，露出他一只严重畸形的腿。他的左腿是跛的，靠一个大大的金属支架撑着。

能能轻声说道：“嗯，我自己也跑不好，那只小狗需要一个能理解它的人。”

处世一点通

相同的境遇、相同的命运，能促使双方相互理解、相互关照，克服心理上的隔膜，从而使彼此的心紧紧地贴在一起。同病相怜，并不是一个好的词语，它至少说明还有不“相怜”的情况存在。这就告诉我们，对于那些因种种原因造成病残的人，要给予尊重和理解，因为他们也有爱与被爱的权利，这一点与其他人是一样的。

你是一个生意人

在拥挤的车站旁边，有一个双腿残疾的人坐在地上，面前摆着几把小刀，一张纸上写着“一元钱两把”。

过路的旅客都把这个残疾人当成了乞丐，而忽略了这些可怜的商品，他们好心地丢下一些零钱，然后匆匆而去。

一个出差的商人看来赚了不少钱，他注意到这个残疾人，便拿出100元漫不经心地丢在后者面前。

但是走了不久，他又回来了。他蹲下来，认真地挑选了两把小刀，抱歉地对这个残疾人说：“我需要小刀在汽车上削水果，你真是一个有头脑的生意人。你运气真好，我身上刚好没有零钱了，你不用找钱给我，因为汽车马上就要开了。”

两年过去了，生意人又一次出差经过这个汽车站，他想好好吃一顿再上汽车，他走进一家装修得不错的餐馆，美美地吃了一顿。

结账的时候，老板微笑着说道：“我一直期待你的出现。你是第一个把我当生意人看待的人，你看，我现在是一个真正的生意人了。今后，这里的大门永远对你免费敞开。”

饭店老板正是两年前的那个残疾人。

处世一点通

当你面对一个残疾人时，你是否向他投去真诚的目光？当你面对一个残疾人在做买卖时，你是否像对待其他人一样对他表示敬重？也许你心中的同情和怜悯的成分占了上风，即使给予施舍，也会做出一副不屑的表情，心里说：拿去用吧，可怜的人儿！然而，你是否意识到，对一个渴求尊重和理解的残疾人来说，还有比同情和怜悯更重要的东西。把他们当作自己身边的人看待吧！一个充满温情的社会，必须是人人相互尊重的社会，也是人人自尊的社会。一个身体残疾的人，一旦在社会中获得了应有的理解和尊重，从他身上焕发出来的创造力量，决不亚于其他人。

牛津的遗憾

许多年前，牛津大学的校长为一次错误判断，付出了很大的代价。

这天，一对老夫妇，也没有事先预约，就直接去拜访牛津大学的校长。女的穿着一套褪色的条纹棉布衣服，而她的丈夫则穿着布制的便宜西装。

校长的秘书在片刻间就断定这两个乡下人根本不可能与牛津有业务来往。

先生轻声说："我们要见校长。"

秘书很礼貌地说："他整天都很忙！"

女士回答说："没关系，我们可以等。"

过了几个钟头，秘书一直不理睬他们，希望他们知难而退，自己走开。但他们却一直等在那里。

秘书终于决定通知校长："也许他们跟您讲几句就会走开。"

校长不耐烦地同意了。

校长很有尊严而且不甘情愿地见了这对夫妇。

女士告诉他："我们有一个儿子曾经在牛津读过一年，他很喜欢牛津，他在牛津生活得很快乐。但是去年，他出意外离开了我们。我丈夫和我想在校园里为他留一个纪念物。"

校长并没有被感动，反而觉得很可笑，便粗声地说："夫人，我们不能为每一位曾读过牛津而后死去的人建立雕像的。如果我们这样做，我们的校园看起来就会像墓地一样。”

女士说：“不是，我们不是要竖立一座雕像，我们想要捐一栋大楼给牛津。”

校长仔细地看了一下条纹棉布衣服及粗布便宜西装，然后吐了一口气说：“你们知不知道建一栋大楼要花多少钱？全学校的建筑物超过1亿英磅。”

这时，这位女士沉默不语了。校长很高兴，总算可以把他们打发了。

这位女士转向她丈夫说：“1亿英磅就可以建全学校的建筑物？那我们为什么不建一座大学来纪念我们的儿子？”

就这样，这对夫妇离开了牛津，在市政府的帮助下，成立了一所大学来纪念他们的儿子。这个以他们的名字命名的大学，很快成为与牛津和剑桥齐名的大学。

处世一点通

中国有句话，叫做“人不可貌相，海水不可斗量”。牛津大学的校长之所以错过了一次巨额捐赠的机会，就是因为他犯了以貌取人的错误。他以为面前的这对夫妇，穿着条纹棉布衣服和粗布便宜西装，一定是连温饱都没解决的乡下人。抱着这个成见，他不仅误解了这对夫妇的诚意，更压根儿就不相信他们能带来什么，于是便简单地打发他们了事。如果这位校长抱着足够的诚心，认真接待这对夫妻，结果就会大不相同。

研究生落水

一个研究生新到一家科研所上班。一天，他去池塘钓鱼，正好碰上了正副所长也在钓鱼。研究生朝他们点点头，算是打了招呼。“两个本科生，有什么好聊的呢?”研究生想。

不一会儿，正所长放下钓竿，伸伸懒腰，噌噌噌从水面上如飞地走到对面上厕所。

研究生眼睛睁得都快掉下来了。水上漂？不会吧？这可是一个池塘啊。

怎么回事？研究生又不好去问，自己是研究生呀！

过了一阵儿，副所长也站了起来，走几步，噌噌噌地飘过水面上厕所去了。这下子研究生更是差点昏倒：不会吧，难道我到了一个江湖高手集中的地方？

研究生也内急了。这个池塘两边有围墙，要到对面厕所去非得绕十分钟的路，而回单位上又太远，怎么办？

研究生也不愿意去问两个所长，憋了半天后，也起身往水里跨：我就不信本科生能过的水面，我研究生就不能过。

只听“咚”的一声，研究生栽到了水里。

两位所长将他拖了出来，问他为什么要下水，他问：“为什么你们可以走过去呢?”

两位所长相视一笑：“这池塘里有两排木桩子，由于这两天下雨涨水了，被水没过去了。我们都知道这木桩的位置，所以可以踩着桩子过去。你怎么不问一声呢？”

处世一点通

一个学历再高的人，只能代表他的书本知识，代表过去的水平。而在实践方面，有人的学历也许不太高，却具备丰富的经验，而这些经验则比书本知识更可贵，更有实用价值。书本知识和现实，总是存在距离的。所以，我们没有理由小瞧那些学历比自己低的人，更应尊重有实践经验的人。

尊重每一个人

一天，一位中年女人领着一个小男孩走进美国著名企业万象集团总部大厦楼下的花园，在一张长椅上坐下来。她不停地在跟男孩说着什么，似乎很生气的样子。不远处有一位头发花白的老人正在修剪灌木。

忽然，中年女人从随身挎包里揪出一团白花花的卫生纸，一甩手将它抛到老人刚剪过的灌木上。老人诧异地转过头朝中年女人看了一眼。中年女人也满不在乎地看着他。老人什么话也没有说，走过去拿起那团纸扔进一旁装垃圾的筐子里。

过了一会儿，中年女人又揪出一团卫生纸扔了过来。老人再次走过去把那团纸拾起来扔到筐子里，然后回原处继续工作。可是，老人刚拿起剪刀，第三团卫生纸又落在了他眼前的灌木上……就这样，老人一连捡了那中年女人扔的六七团纸，但他始终没有因此露出不满和厌烦的神色。

“你看见了吧！”中年女人指了指修剪灌木的老人对男孩说，“我希望你明白，你如果现在不好好上学，将来就跟他一样没出息，只能做这些卑微低贱的工作！”

老人放下剪刀走过来，对中年女人说：“你好，这里是集团的私家花园，按规定只有集团员工才能进来。”

“那当然，我是万象集团所属一家公司的部门经理，就在这座大厦里工作！”中年女人高傲地说着，同时掏出一张证件朝老人晃了晃。

“我能借你的手机用一下吗?”老人沉吟了一下说。

中年女人极不情愿地把手机递给老人，同时又不失时机地开导儿子：“你看这些穷人，这么大年纪了连手机也买不起。你今后一定要努力啊！”

老人打完电话后把手机还给了妇人。很快一名男子匆匆走过来，恭恭敬敬地站在老人面前。老人对来人说：“我现在提议免去她的经理职务！”

“是，我立刻按您的指示去办！”那人连声应道。

老人吩咐完后，径直朝小男孩走去，他用手抚了抚男孩的头，意味深长地说：“我希望你明白，在这世界上最重要的，是要学会尊重每一个人……”说完，老人撇下三人缓缓而去。

中年妇女被眼前骤然发生的事情惊呆了。她认识那个男子，他是万象集团的人事主管。“你……你怎么会对这个园林工那么尊敬呢?”她大惑不解地问。

“你说什么？园林工？他是我们集团的董事长！”

“啊，他是董事长?”中年妇女一下子瘫坐在长椅上。

处世一点通

无论一个人的身份和工作多么卑微，我们都应尊重他，这是我们应该具备的良好品质。人没有贵贱之分，也许某个人暂时比较穷，干的工作非常普通，但这并不说明这个人就低人一等。同样，一个人暂时比较富有，有权有势，但这并不说明他天生就是这样的，永远是这样的。如果不学会尊重他人，到头来会自取其辱，正如那位中年妇女一样。

有礼貌的兔子

有一只兔子，非常谦虚，待人处世彬彬有礼。一天，它到一个农民的菜园子里去吃青草，把肚子吃得鼓鼓的，正准备往回走，忽然看见一只狐狸。这只狐狸要回到森林里去，半路上想到农家院子里偷鸡，结果什么也没有捞到，真是又饿又气！

兔子见到狐狸，心里一惊：怎么办呢？跑！它飞快地跑到一个山洞前，可是它万万没有想到，洞里等着它的是一个更加危险的敌人——一条毒蛇！

好在兔子有教养，它知道，未经许可是不能进入别人的住宅的。

“应当先打个招呼，”兔子想，“可是跟谁打招呼呢？山洞！当然啦，应当跟山洞打个招呼！”

兔子蹲下来，彬彬有礼地说："亲爱的山洞，你好啊！我可以进来吗？"

毒蛇听出是兔子的声音，真是喜出望外，因为它特别想吃兔子肉。

"快进来吧，快进来！"毒蛇回答说。它想，这一回，兔子可上当了。

可是，兔子一听这声音，就知道里面是谁了。

"请原谅，我打扰您了，"兔子说，"我刚才忘了，妈妈还在家里等我呢，再见！"它一拔腿，便跑得不知去向了。

兔子回到自己的洞里，总结出了一条经验：讲究礼貌，对任何人都是有益而无害的。

处世一点通

在我们的生活中，对人讲礼貌也非常重要，礼貌是对人尊重的重要表现，礼貌的语言能拉近彼此的距离，赢得对方的好感；礼貌的行为能彰显自己的风度和学识，赢得他人的尊重。礼貌是人际关系的催化剂，能迅速制造友好的气氛，让彼此很快走到一起；礼貌的语言又如一缕春风，吹散彼此间的防范心理，融化心头的坚冰，代之以温暖和愉快。

秀才让路

一位秀才过独木桥，刚走几步便遇到一个妇人。秀才很有礼貌地转过身回到桥头让妇人过了桥。妇人一过桥，秀才又走上了桥。走到桥中央又遇到了一位挑柴的农夫，秀才二话没说，回到桥头让农夫过了桥。第三次秀才再也不敢贸然上桥，而是等独木桥上的人过尽后，才匆匆上了桥。眼看就到桥头了，迎面赶来一位推独轮车的商贩。秀才这次不甘心回头了，摘下帽子，对商贩说道："先生，你看我就要到桥头了，能不能让我先过去？"商贩不干，把眼一瞪，说："你没看见我推车赶集吗？"话不投机，二人争执起来。

这时，河面上浮来一叶小舟，舟上坐着一个道士。道士刚到桥下，两人不约而同请道士为他们评理。道士看了看商贩，问道："你真的很急吗？"商贩答道："我真的很急，晚了便赶不上集了。"道士说："你既然急着去赶集，为什么不尽快给秀才让路呢？你只要退那么几步，秀才便过去了，秀才一过，你不就可以早点过桥了吗？"

商贩一言不发，道士便笑着问秀才："你为什么要商贩给你让路呢，就是因为你快到桥头了吗？"

秀才争辩道："在此之前，我已为许多人让了路，如果继续让商贩的话，便过不了桥了。"

"那你现在是不是就过去了呢？"道士反问道，"你既然已经给那么多人让了路，再让商贩一次，即使过不了桥，起码保持了你的风度，何乐而不为呢?”

秀才满脸胀得通红。

处世一点通

古人说：与人方便，自己也方便；尊重别人，实际上就是尊重自己。这是很有道理的。然而，有人在小事上，容易谦让别人，而在涉及自身利益的事情上，却斤斤计较；有人在亲朋和熟人面前谦让，而在陌生人面前则不会谦让，这些都不是好的表现。其实，给别人“让路”，也是在给自己“让路”啊！

小 费

一个10岁的男孩走进一个冷饮店，坐在一张桌子旁边，一个服务员把一杯水放在他面前。

“一杯冰果汁多少钱?”

“1元钱。”服务员回答。

小男孩把他的手放在口袋里，仔细数着硬币的数量。“一杯普通的果汁多少钱?”他又问着。

服务员有点不耐烦，她粗鲁地回答：“五角。”

小男孩又数了一遍硬币。“我想来一杯普通的果汁。”他说。

服务员拿来一杯果汁，把账单放在桌子上，然后离开了。男孩喝完果汁后，把钱付给收款员后走了。服务员回来后，开始擦桌子，当她看到桌子上的东西时，感到非常难为情。在那儿，在空盘子旁边，整齐地放着五角钱的硬币——她的小费。

处世一点通

服务员之所以难为情，是因为这个被她小看的穷孩子，居然没有忘记给她付小费。要知道，正是为了付给小费，男孩才要了一杯更便宜的果汁。所以，我们没有任何理由小看任何人，也应学会尊重任何一个人。一个看似普通的人，在他的身上依然能够闪现人性的光辉。

反面教材

大憨从东往西，沿着马路一侧走了十里，搜遍了每一只垃圾筒，一无所获；返回时，又从另一侧走了十里，才捡到三只易拉罐。累了，便坐在路边，盯着往来如飞的汽车发呆，心里说："咦，破烂越来越难捡了，再这样，咋办呢？"

不知过了多久，身后突然传来一个陌生的声音："喂，捡破烂的！"

大憨急忙回头望去，是一位笑眯眯的"老弟"，没见过，正弯着腰看自己呢。

大憨便也笑起来，想起身还礼，被那老弟按住了。老弟说："我没别的意思。我想同你聊一聊。"

"聊？……俺明白，是想同俺说说话。中、中。俺正想找人聊一聊，太闷了。"大憨高兴地说。

"好好好，"老弟也高兴起来，"那我就先说了。请问，你为什么要进城捡破烂？"

"为了增加收入呗，趁农闲进城捡点破烂卖，比在家里闲着强。"

"那你为什么不找个工作做？"

"俺没有多少文化，谁要俺？"

"那你为什么不好好读书呢？"

"读书？俺小时候家里可穷，小学没毕业就回家干活，想读书也读不成啊。"

"请问捡破烂辛苦吗？"

"当然辛苦！天一亮就得出来，天擦黑了还没有回去，中午连口水都顾不上喝一口呢。"

"收入怎么样？"

"收入？不中！一天赚不了几个钱。"

"好！回答得很好！"那老弟听了，越发兴奋起来，"捡破烂的，咱俩做个交易成不成？成了，我奖你一百块钱。"

"啥交易？不违法俺就干。"

"不违法，肯定不违法，就是把刚才我俩的对话重复一遍。"

"重复一遍……就这么简单？"

"就这么简单。"

"为什么要重复一遍？"

"这就不用你管了。"

"中，你问吧。"

"不，你还得稍等片刻。我去去就来。"

原来，那老弟是开着汽车来的。他钻进一辆豪华小汽车里，一踩油门，车就轻轻跑了；剩下大憨坐在那里一个劲儿发呆：噫，这个人葫芦里卖的啥药？怪怪的！

没过多久，小汽车又开回来了，停在大憨身旁。那老弟从汽车里钻出来，同时下车的还有一个小男孩，大约十来岁，样子十分顽皮。

老弟来到大憨面前，弯着腰，依然笑眯眯地说："喂，咱俩开始吧？"

"中，开始吧。"大憨说。

"你为什么要捡破烂？"

"俺要吃要住，不捡破烂靠啥生活？"

"那你为什么不找个好工作？"

"俺没文化，谁要？"

"那你为什么不好好读书呢？"

"小时候家里穷，读不起。"

"捡破烂辛苦不辛苦？"

"辛苦，每天天一亮就起床，晚上天擦黑还没回去。"

"一天收入多少钱？"

"一天赚不了几个钱。"

"听见没，儿子！"那老弟突然回过头去，严肃地教训起那个小男孩，"这可是活生生的事例，是你亲眼所见、亲耳所听的。如果你不好好读书，就没有文化；没有文化就找不到好工作；找不到好工作，就只能捡破烂；捡破烂不仅辛苦，也赚不了几个钱。儿子，这可是触目惊心的事实啊！"

"噫，闹了半天，你原来是在取笑俺！"大憨一下子憋红了脸，脚一跺就站了起来。

"想要钱吗？想要钱就别说话！"那老弟严厉地说。

"那你快把钱给俺，俺立马就走！"一想起那一百块钱，大憨犹豫了。

"慢！你是一个没有文化的人，挣钱怎么能这么容易？"

"你还想让俺咋样？"

"继续现身说法，谈谈你没有文化的悲惨处境，对当年没有机会读书的悔恨和反省，谈得越深刻越好，越痛苦越合格；如果伴以痛哭流涕、捶胸顿足就更好。”

“噫，俺啥也不想谈了！”大憨背起自己的垃圾袋，扭头就走，“早知是这样，俺说啥也不跟你在这里耽误工夫。大兄弟，这钱俺不要了，你还是留着自己花吧。”

“你！”那位“大兄弟”目送着大憨远去，然后对小男孩说：“瞧见没，儿子！没有文化的人就是这样的一副德性，傻冒一个！”

“爸，他就是你给我找的反面教材？”小男孩嬉皮笑脸起来。

“对，就是这个大文盲！我今天总算给你找到了。”

“爸，我倒觉得他挺了不起的！”小男孩收起了笑容，“他没有文化，却对人有礼貌；他收入很少，却对你的钱不屑一顾。”

“嗯？”这位父亲吃了一惊，一脸怒容却不知道说什么好。

处世一点通

一个人如果总是觉得高人一等，看不起普通人，难免要自取其辱。其实，“小人物”身上也有许多闪光点，他们有自尊，有美德，在许多优点和特长。所以，我们要放下自以为是的“架子”，平等对待每一个人，平等看待每一个职业，用平和的心态为人处世，切勿张狂和目中无人，那样是要吃亏的。

耐心倾听

纽约电话公司曾访问过一个咒骂接线生的顾客。那位顾客发狂地恫吓要拆毁电话，并拒绝支付他自认为不合理的费用；他写信给报社，还向消费者组织屡屡投诉，并使电话公司陷入数起诉讼。

最后，公司中一位最富技巧的“调解员”被派去访问这位“难缠”的顾客。这位“调解员”静静地听着，并对其表示同情，让这位老先生淋漓尽致地发泄他的不满。

“他喋喋不休地说着，我静听了差不多三个小时，”这位“调解员”后来叙述道，“后来我又到他那里，继续听他发牢骚。我共访问了他四次。在第四次访问完毕以前，我已经成为他正在创办的一个组织的会员，他称之为‘电话用户保障会’。我现在仍是该组织的会员。有意思的是，就我所知，除老先生以外，我是世上唯一的会员。”

“在这几次访问中，我静静倾听，并且同情他所说的一切。我从未像电话公司其他人那样同他谈话，他的态度也变得友善了。我圆满地解决了这一事件，他付清了所有的账，也撤销了向消费者组织提起的对电话公司的申诉。”

处世一点通

那位老先生为什么从愤怒变得态度友好，并且撤销了对电话公司的投诉？是因为他从“调解员”身上看到了诚意，并获得了尊重感。他起初是通过挑剔、抱怨来得到这种尊重感，但在他从“调解员”那里得到尊重感之后，他的不切实际的冤屈随即消失得无影无踪，其他的一切也就迎刃而解了。